现代露天煤矿评价方法

李克民　张维世　马　力　编著

煤炭工业出版社

·北　京·

内　容　提　要

本书以建设现代露天煤矿为根本目标，在调研分析国内外先进、高效的露天煤矿实际状况的基础上，凝练提出现代露天煤矿评价指标、均衡指标及调节方法，确定了定性与定量分析方法及科学计算基础，建立了露天煤矿综合评价指标模型，对我国露天煤矿发展及建成现代露天煤矿具有重要指导意义。

本书可作为从事煤矿设计、科研和生产管理方面的相关人员、工程技术人员以及相关高等院校师生工作和学习的参考用书。

前　言

露天采煤历史悠久，始终伴随着人类活动，是提供能源供给的重要方式之一。露天采煤以其规模大、效益高、污染小、作业安全等特点在世界煤炭开采范围内占据着较高的比重。美国、澳大利亚、印度等国以露天采煤为主，占其全国煤炭生产总量的比重在50%甚至75%以上。

我国露天采煤技术源于苏联，历经半世纪的发展，同时吸收融合了西方的露天采矿技术，形成了比较完善的露天煤矿规划、设计、建设和生产经营体系。进入21世纪后我国露天煤炭行业进入了新的发展阶段，引进了更大型的采矿装备、更先进的工艺与技术，产量大幅增加，在安全高效生产的同时，还注重环境保护、资源的综合利用，发展科学采矿。

步入“十二五”以来，中央企业确立了“做强做优、培育具有国际竞争力的世界一流企业”的改革发展核心目标。基于国家政策的基本要求和企业的发展方向，以建设现代露天煤矿为发展导向，增强露天煤矿企业的核心竞争力，促进露天采煤安全、高效、绿色、可持续发展。

本书以建设现代露天煤矿为根本目标，在调研分析国内外先进、高效的露天煤矿实际状况的基础上，凝练提出现代露天煤矿评价指标、均衡指标及调节方法、确定了定性与定量分析方法及科学计算基础、建立了露天煤矿综合评价指标模型。

本书编写内容具体分工如下：绪论、第一章、第五章由李克民编写，第二章、第四章由张维世编写，第六章由马力编写，第三章由李克民、马力共同编写。最后，由李克民统稿定稿。

本书旨在为我国露天煤矿发展及建成现代露天煤矿提供参考，由于编者水平有限，可能存在错误和不足之处，敬请批评指正！

编　者

2016年5月

目　　次

0 绪 论

随着煤炭产量不断增长，世界煤炭工业正向煤炭生产高度集约化、集团化与跨国经营、关联产业多元化发展。各产煤大国都把露天开采作为煤矿发展的重点，其露天开采技术及设备发展迅猛，新工艺、新产品、新技术不断涌现和完善。

露天采煤以其规模大、效益高、污染小、作业安全等特点在世界煤炭开采范围内占据着较高的比重。世界主要产煤国家如美国、澳大利亚、印度等的煤炭生产多以露天开采为主，其露天采煤量均占煤炭总产量的50%以上，如图0－1所示。因此，露天开采方式作为满足煤炭发展趋势的重要开采方法将在煤炭开发开采进程中起到重要作用。国内露天矿的发展由于地质赋存条件等不利因素的影响，因而只占到很小的比重。但是随着技术的进步和经济的发展，露天开采将在未来有进一步的发展。

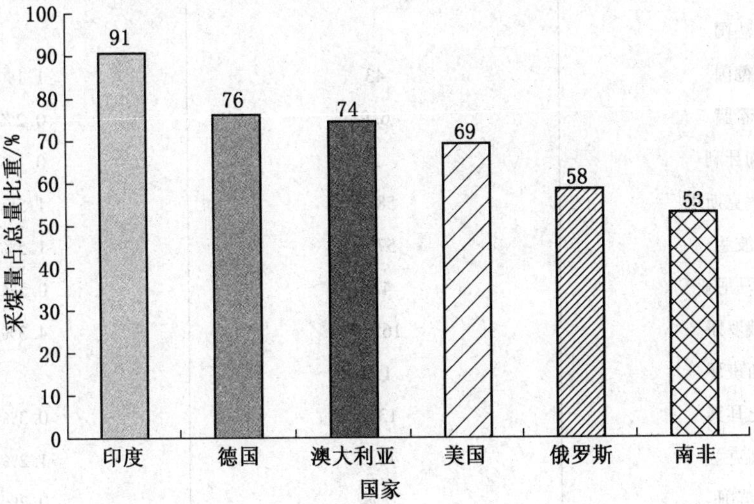

图0－1 世界主要产煤国家露天采煤量占总产量比重

目前世界上最大的露天煤矿为美国北羚羊/罗切斯特矿，其2010年生产原煤105.2 Mt；其次是德国莱茵露天煤矿，2010年生产原煤100 Mt；美国黑雷露天煤矿2010年生产原煤91 Mt；澳大利亚最大露天煤矿年产量14 Mt，与印度相近。南非格特盖卢克矿年产量达到18.6 Mt。

《BP2014世界能源年鉴》显示，2013年中国煤炭总产量为1840百万吨油当量，占世界总产量(3881.3百万吨油当量）的47.4%（表0－1)，产量远远高于第二位的美国(500.5百万吨油当量)。而中国同样也以1925.3百万吨油当量的煤炭消费量独占鳌头，占世界煤炭消费总量的50.4%，美国以455.7百万吨油当量的消费量位居第二(表0-2)。中国煤炭产量和消费量方面都接近世界总量的50%，相当于世界其他国家产量和消费量之和。

表0-1 2013年世界煤炭产量

国　家	2013年产量/百万吨油当量	2013年产量比重
美国	500.5	12.9%
加拿大	36.8	0.9%
墨西哥	8.3	0.2%
北美总计	545.6	14.1%
巴西	2.8	0.1%
哥伦比亚	55.6	1.4%
委内瑞拉	1.7	
中南美洲其他国家	1.9	
中南美洲总计	62	1.6%
保加利亚	4.7	0.1%
捷克共和国	18	0.5%
法国		
德国	43	1.1%
希腊	6.9	0.2%
匈牙利	2	0.1%
哈萨克斯坦	58.4	1.5%
波兰	57.6	1.5%
罗马尼亚	4.6	0.1%
俄罗斯	165.1	4.3%
西班牙	1.6	
土耳其	13.2	0.3%
乌克兰	45.9	1.2%
英国	7.8	0.2%
欧洲及欧亚大陆其他国家	21.3	0.5%
欧洲及欧亚大陆总计	450.1	11.6%
中东国家总计	0.7	
南非	144.7	3.7%
津巴布韦	1	
非洲其他国家	1.5	
非洲总计	147.2	3.8%
澳大利亚	269.1	6.9%
中国	1840	47.4%

表0-1（续）

国　家	2013年产量/百万吨油当量	2013年产量比重
印度	228.8	5.9%
印度尼西亚	258.9	6.7%
日本	0.7	
新西兰	2.8	0.1%
巴基斯坦	1.5	
韩国	0.8	
泰国	5	0.1%
越南	23.1	0.6%
亚太地区其他国家	45	1.2%
亚太地区总计	2675.7	68.9%
世界总计	3881.3	100.0%

表0-2　2013年世界煤炭消费量

国　　家	2013年消费量/百万吨油当量	2013年消费量比重
美国	455.7	11.9%
加拿大	20.3	0.5%
墨西哥	12.4	0.3%
北美洲总计	488.4	12.7%
阿根廷	0.7	0.0%
巴西	13.7	0.4%
智利	7.4	0.2%
哥伦比亚	4.3	0.1%
秘鲁	0.8	0.0%
委内瑞拉	0.2	0.0%
中南美洲其他国家	2.1	0.1%
中南美洲总计	29.2	0.8%
奥地利	3.6	0.1%
白俄罗斯	0.1	—
比利时	2.9	0.1%
保加利亚	5.9	0.2%
捷克	16.5	0.4%
丹麦	3.2	0.1%
芬兰	3.7	0.1%
法国	12.2	0.3%
德国	81.3	2.1%

表0-2（续）

国　家	2013年消费量/百万吨油当量	2013年消费量比重
希腊	7.1	0.2%
匈牙利	2.7	0.1%
爱尔兰	1.3	—
意大利	14.6	0.4%
哈萨克斯坦	36.1	0.9%
荷兰	8.3	0.2%
挪威	0.7	—
波兰	56.1	1.5%
葡萄牙	2.7	0.1%
罗马尼亚	5.6	0.1%
俄罗斯	93.5	2.4%
斯洛伐克	3.1	0.1%
西班牙	10.3	0.3%
瑞典	1.7	—
瑞士	0.1	—
土耳其	33	0.9%
乌克兰	42.6	1.1%
英国	36.5	1.0%
乌兹别克斯坦	1.2	—
欧洲及欧亚大陆其他国家	21.8	0.6%
欧洲及欧亚大陆总计	508.6	13.3%
中东国家总计	8.2	0.2%
南非	88.2	2.3%
非洲其他国家	5.9	0.2%
非洲总计	95.6	2.5%
澳大利亚	45	1.2%
孟加拉国	1.0	—
中国	1925.3	50.4%
中国香港	7.8	0.2%
印度	324.3	8.5%
印度尼西亚	54.4	1.4%
日本	128.6	3.4%
马来西亚	17	0.4%
巴基斯坦	4.4	0.1%
菲律宾	10.5	0.3%

表0-2（续）

国家	2013年消费量/百万吨油当量	2013年消费量比重
韩国	81.9	2.1%
中国台湾	41	1.1%
泰国	16	0.4%
越南	15.9	0.4%
亚太地区其他国家	22.1	0.6%
亚太地区总计	2696.2	70.5%
世界总计	3826.2	100.0%

自2012年下半年以来，受到欧债危机及美国债务危机的影响，以煤炭、钢铁、水泥、铜、铝等为代表的国际大宗商品价格持续下滑，严重影响了煤炭市场，煤炭价格大幅下滑，盈利水平下降。同时，进口煤在质量和成本上的优势进一步使国内煤炭企业市场萎缩，对煤炭企业的经营提出了严峻考验。因此，在这种内外部形势下，与国际高效、先进露天煤矿接轨、探索，使我国露天煤矿建设成为现代化露天煤矿，规范行业发展建设刻不容缓。

由于露天煤矿地质资源条件、气候与生态条件、开拓开采方式、经营管理模式等方面的不同，我国众多露天煤矿在生产规模、经济效益、工艺设备、组织管理等方面存在迥然差异，露天采煤行业发展参差不齐。建设现代露天煤矿是一项长期且持续的过程，首先要明确露天煤矿自身定位，找准与现代露天煤矿间的差距，据此基于明确的目标制定具体的发展建设措施。因此，基于国内外露天煤矿特点及发展目标，构建一套衡量露天煤矿标准的现代露天煤矿评价指标体系和评价方法对促进露天煤矿发展和建设现代露天煤矿具有重要指导意义。

1 国内外露天煤矿概述

1.1 国内露天煤矿概况

1.1.1 安家岭露天煤矿

安家岭露天煤矿隶属中国中煤能源股份有限公司平朔煤业有限公司，位于山西省平朔矿区，与安太堡露天煤矿紧邻。该矿是国家“九五”重点工程，1998 年 4 月开工建设，2001 年 7 月转入试生产，2003 年 7 月转入生产经营期，年生产原煤 10 Mt，达到设计能力。2008 年开始进行扩建，设计生产规模 20 Mt/a，2009 年实际生产规模 16.5 Mt/a。2010—2013 年，原煤产量分别为 23.04、28.53、30.75、32.2 Mt，截止到 2013 年底已累计生产原煤 233 Mt，现核定生产能力为 30 Mt/a。

1. 地质资源条件

安家岭露天煤矿地表境界东西长 5.10 ~ 7.77 km，南北宽 1.39 ~ 4.87 km，地表面积 30.03 km^2。露天煤矿境界内地质资源量 811.47 Mt，工业储量 789.70 Mt，露天煤矿的可采储量为 626.34 Mt，境界内可采原煤量 909.87 Mt。批准矿权内（1186 ~ 1376 m 标高内）煤炭（气煤）总量为 607.116 Mt。

矿田地层平缓，总体形态为一走向北东的单斜构造，并伴有少量背向斜，地层倾角 2° ~ 10°，断裂构造不发育，落差 10 m 以上断层 14 条，大于 20 m 的断层 4 条，区内发现陷落柱两个，无岩浆岩侵入，矿田地质构造尚属简单。主采煤层为 4 号、9 号和 11 号煤层，4_1 号煤为长焰煤，4_2 - 3 号、9 号、11 号煤为气煤，煤质变化程度一般。由原煤弹筒分析基计算原煤干燥恒容高位发热量，原煤 $Q_{gr,v,d}$ 平均为 22.07 ~ 24.79 MJ/kg，为中热值煤，煤的工业用途主要为动力用煤。

2. 开采技术条件

安家岭露天煤矿开采深度 160 ~ 270 m，平均采深 190 m，表土平均厚度 35 m，煤层平均倾角 2° ~ 10°，全区毛煤平均含矸率为 17.81%，煤层平均厚度 32.38 m，首采区剥采比为 4.56 m^3/t，矿区平均剥采比为 6.7 m^3/t。首采区扩帮完成 11 号煤层，工作线长度将达 1500 m，2010 年 6 月工作线长度为 976 m。2014 年平均剥离运距 2.63 km。安家岭露天煤矿采区划分如图 1 - 1 所示。

矿区为低山丘陵地带，大部分为黄土覆盖，植被稀少，地表裸露，降雨少且强度集中，暴雨强度大，年平均降雨量 428.2 ~ 449 mm，最高为 757.4 mm，最低为 195.6 mm，连续最长降水时间 13 d。冻结日期最早为 10 月 18 日，解冻日期最晚为次年的 4 月 12 日。冻土深度一般在 1.11 m 左右，最大为 1.31 m。年平均八级以上大风日都在 35 d 以上。

3. 开采工艺形式

剥离采用单斗—卡车间断开采工艺，采煤采用单斗—卡车—半固定破碎站—带式输送

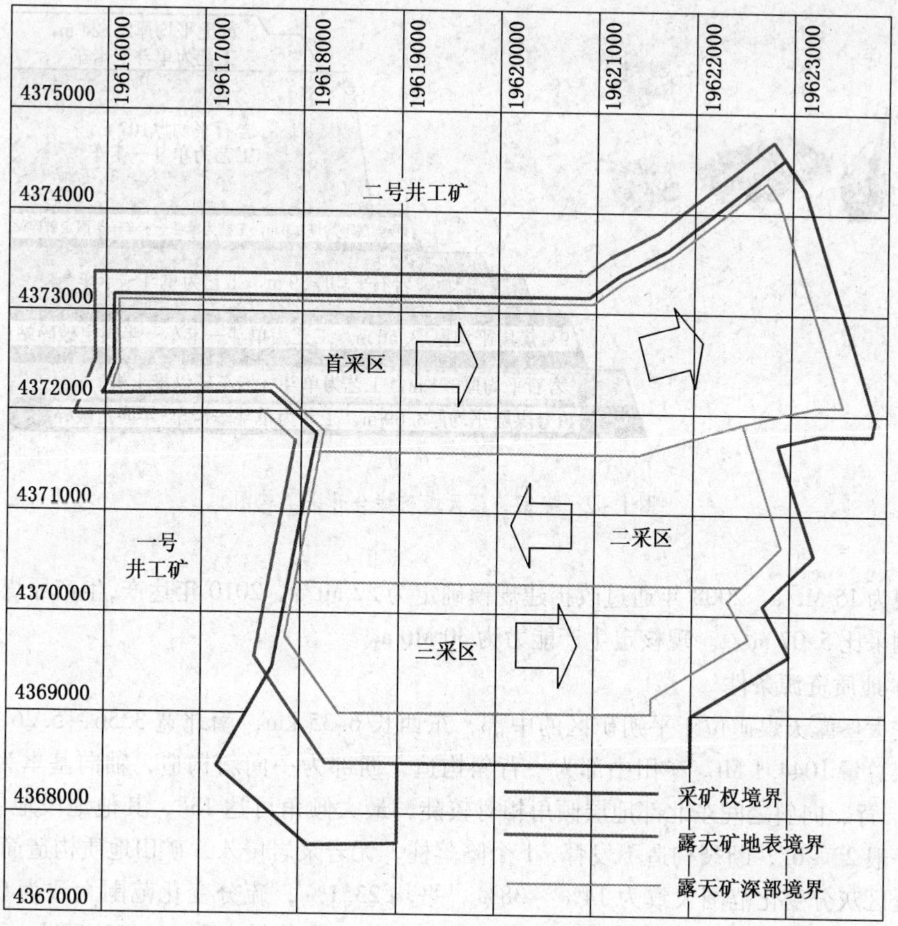

图 1-1　安家岭露天煤矿采区划分图

机半连续开采工艺。安家岭露天煤矿综合开采工艺如图 1-2 所示。

4. 外部环境条件

平朔矿区的煤炭产品除部分在当地销售外，大都需外运并部分出口。平朔矿区南部有北同蒲铁路通过，靠近矿区的车站为朔州、大新、神头 3 个车站，相距 18 ~ 21 km，朔州站北距大同 129 km，南距太原 226 km。区内沿七里河已建成由北同蒲铁路的大新站接轨通往安太堡露天煤矿、安家岭露天煤矿的铁路专用线及通往刘家口集运站、木瓜界集运站的铁路专用线，沿马关河建有从神头站接轨通往杨涧、芦家窑（陶村集运站）的地方铁路专用线。

1.1.2　安太堡露天煤矿

安太堡露天煤矿隶属中国中煤能源股份有限公司平朔煤业有限公司，位于山西省平朔矿区。安太堡露天煤矿原为中美合资，于 1985 年 7 月 1 日破土动工，1987 年 9 月 10 日建成投产。设计生产能力为 15. 33 Mt/a，1991 年美方撤出，成为中方独资企业。2006 年核

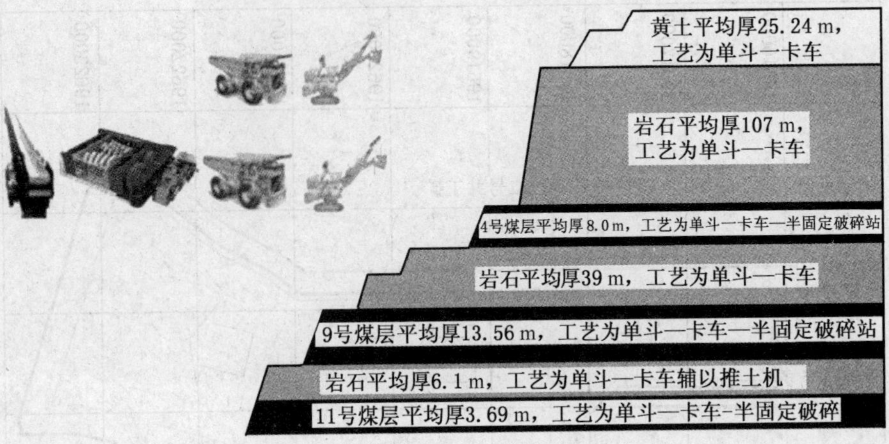

图1-2　安家岭露天煤矿综合开采工艺图

定规模为15 Mt/a，2008年通过改扩建规模确定为22 Mt/a，2010年达产，生产原煤27 Mt，生产剥采比5.07 m^3/t。现核定生产能力为30 Mt/a。

1. 地质资源条件

安太堡露天煤矿位于平朔矿区的中部，东西长6.35 km，南北宽3.56～5.26 km，可采原煤总量1044.1 Mt。矿田中部为一背斜构造，西部为一向斜构造，轴向基本为NW-SE向。背、向斜之间东北部地层倾角相对较陡，最大倾角可达13°，其他地段地层平缓，倾角一般2°～6°，断裂构造不发育，1个陷落柱，无岩浆岩侵入，矿田地质构造简单。

全区灰分变化范围大致为14%～38%，平均23.1%；硫分变化范围大致为0.3%～3.6%，煤层硫分值普遍较高；毛煤含矸率为4.05%；发热量大致15～23 MJ/kg，各煤层发热量普遍较高。黄土厚度平均100 m左右，岩石主要为黏土岩、泥岩、砂泥岩和砂岩，大部分为泥质胶结，属软岩～中等坚硬岩石，普氏硬度系数f值一般为3.4～6，均需穿孔爆破。煤质属于低灰、中高硫、高发热量的气、肥煤。

2. 开采技术条件

安太堡露天煤矿主要开采4号、9号、11号3个煤层，全区煤层平均厚度为23.07 m，3个煤层平均可采厚度分别为7.68 m、11.38 m和4.01 m；露天煤矿目前生产处于三采区，工作线长度目前达到1900 m，其采区划分如图1-3所示。三采区煤层平均厚度为21.65 m，4号、9号、11号煤层局部都有风氧化现象，其平均可采厚度分别为6.54 m、10.88 m和4.23 m。安太堡露天煤矿开采区内煤层结构相对简单，煤层赋存稳定，为安太堡露天煤矿大规模自动化开采提供了良好的地质条件；安太堡矿田内水文地质条件简单，地质构造（断层及褶曲）较少。

安太堡露天煤矿位于宁武煤田北部，该区属于低山丘陵地带，大部分为黄土覆盖，植被稀少，地表裸露，降水少且强度集中，不利于大气降水的入渗补给，地下水补给来源贫乏。石炭、二叠系地层岩石胶结致密，节理裂隙不甚发育，富水性弱；寒武、奥陶系灰岩

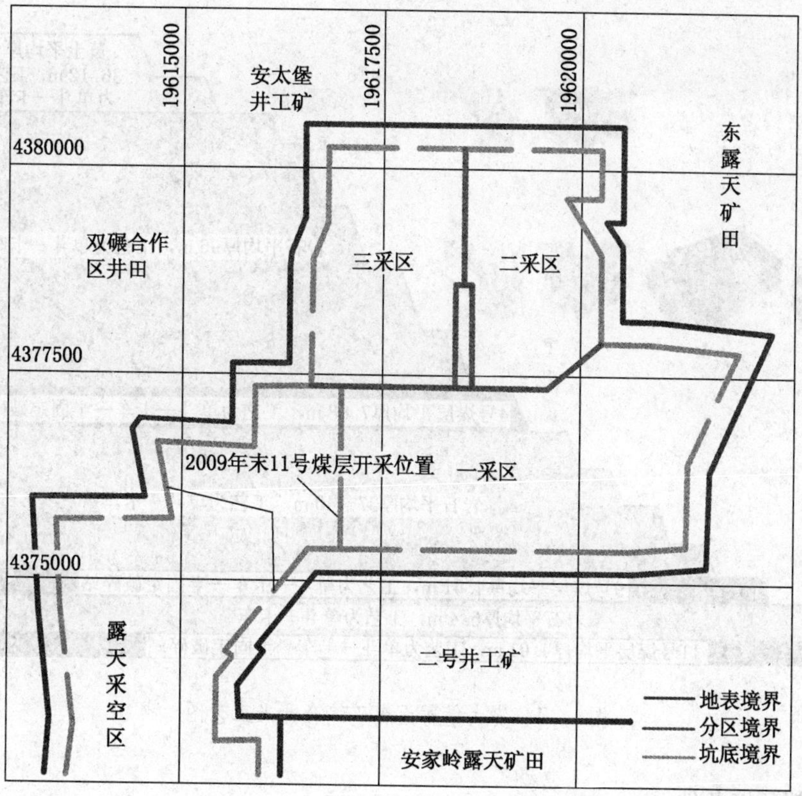

图1-3 安太堡露天煤矿采区划分图

溶裂隙发育一般，含水性相对较弱。奥陶系灰岩水位标高在 1068～1077 m，安太堡露天煤矿开采煤层最低底板标高低于奥灰水位 0～50 m，奥灰水对煤层开采影响小，矿床水文地质条件简单。

矿区为典型大陆性气候，干燥寒冷，风沙严重。气温一般较低，且温差大，年平均气温 5.4～13.8 ℃，绝对最高温度 34.5 ℃，绝对最低温度 -27.4 ℃，日温差亦较大，一般为 18～25 ℃。年日照期最长 2883.1 h，最短为 2444.5 h，平均为 2693.3 h，水分最小为 0，最大 80%。降水量多集中在 7～9 月，占全年降水量的 75%～90%，年平均降水量 426.7 mm。年平均蒸发量在 2006.7 mm，约是降水量的 5 倍。每年有风时间占全年的 70%，平均每年出现 40 d 左右的大风，飓风天在 2 d 左右，扬沙日在 29 d 以上，多集中于冬春季节，风向西北，最大风速可达 21.7 m/s。每年 9 月下旬至次年 4 月为结冰期，冻结深度一般为 1.11 m。

3. 开采工艺形式

安太堡露天煤矿土岩剥离采用单斗挖掘机—卡车开采工艺，采煤工艺为单斗挖掘机—卡车—地表半固定破碎站—带式输送机半连续工艺。安太堡露天煤矿综合开采工艺如图 1-4 所示。采用优、劣煤分采分运的采运方式，在地面破碎站处进行配煤，煤炭经露天煤矿地面半固定式破碎站破碎后，用带式输送机运往选煤厂。

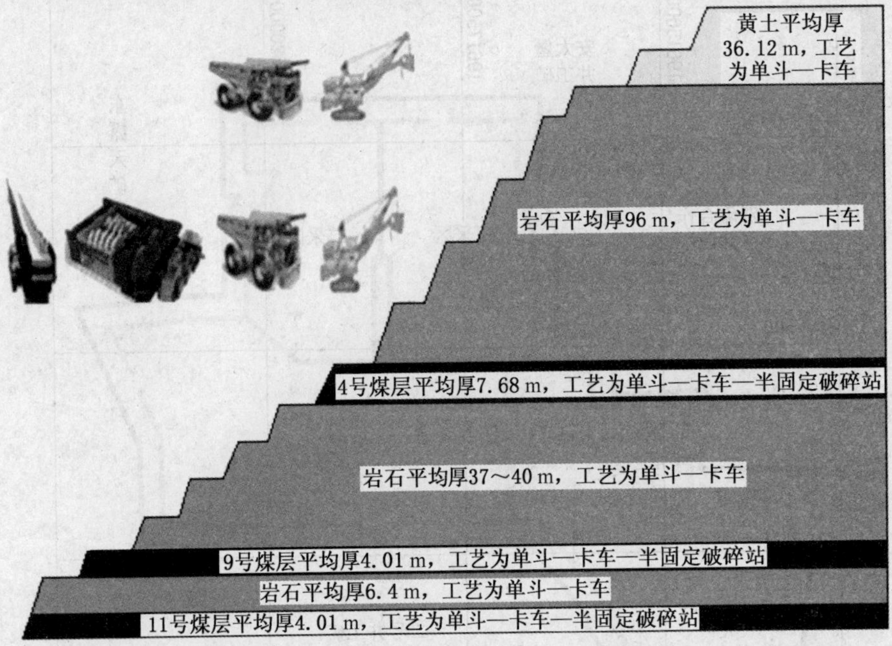

图1－4　安太堡露天煤矿综合开采工艺图

4. 外部环境条件

矿区交通方便，南有北同蒲铁路通过，最近车站为朔州、大新、神头3个车站。煤炭外运主要通路为大秦线（大同—秦皇岛）和丰沙大线（丰台—沙城—大同）。大（同）运（城）高速公路在矿区东部通过，朔平一级公路贯穿矿区南北，为矿区煤炭的大规模的开发和外运创造了有利的外部运输条件。矿区交通图如图1－5所示。

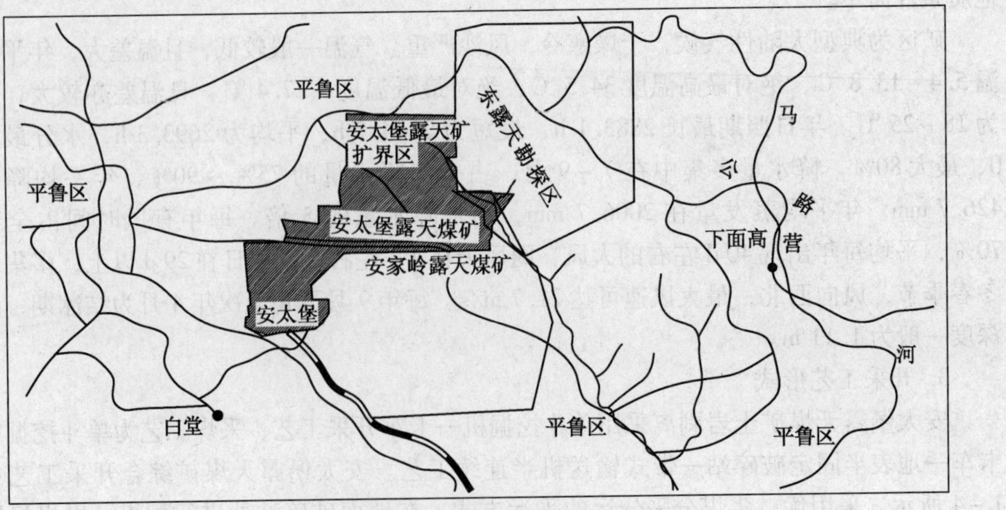

图1－5　安太堡矿区交通图

安太堡露天煤矿目前生产的产品有洗精煤、洗混煤、平混煤三大系列十多个品种。露天煤矿从投产以来已经积累了大批长期用户。2006 年平朔煤炭公司外运商品煤 43.5 Mt，是我国重要的商品煤生产和出口基地之一。

随着煤电联营战略的实行，位于朔州市神头镇的第一、第二两个电厂的总装机容量达 2300 MW，其发电用煤主要来自平朔矿区。

平朔煤炭公司经过多年的经营，“平朔煤炭”品牌在国内享有很高的声誉。“平朔煤炭”有一批固定的用户，浙江、广东、上海、天津、河北等电力公司均与平朔煤炭公司签订了多年的供煤协议。

1.1.3 哈尔乌素露天煤矿

哈尔乌素露天煤矿位于内蒙古自治区鄂尔多斯市准格尔旗（薛家湾镇）东部，属晋陕蒙交界地区，北邻黑岱沟露天煤矿。2006 年 5 月 18 日开工建设，2007 年 8 月 8 日注册成立中国神华能源股份有限公司哈尔乌素煤炭分公司。2008 年 1 月 4 日，哈尔乌素露天煤矿正式成立。设计年产原煤 20 Mt，设计服务年限 79 a。2009 年哈尔乌素露天煤矿生产原煤 15.52 Mt，2010 年生产原煤 21.68 Mt，2011 年生产原煤 28 Mt。现核定生产能力为 35 Mt/a。

1. 地质资源条件

哈尔乌素露天煤矿地表境界东西长 9.59 km，南北宽 7.03 km，面积为 67.17 km^2；深部境界东西长 8.95 km，南北宽 6.3 km，面积为 58.31 km^2，可采原煤储量 1672 Mt，其中 6 号煤层为主要可采层，煤层平均厚度为 28.2 m，全矿平均剥采比为 6.626 m^3/t。首采区原煤储量 636 Mt，平均剥采比为 4.099 m^3/t，服务年限 32 a。

哈尔乌素露天煤矿的煤质为中灰、低硫、特低磷、较高挥发分、中高发热量、高灰熔点的长焰煤，是优质动力用煤，拥有广阔的市场前景。

2. 开采技术条件

哈尔乌素露天煤矿矿区位于鄂尔多斯黄土高原，除黑岱沟、不连沟、哈尔乌素沟有基岩出露外，其余煤田均为 30 m 左右的黄土所覆盖，在北部沙洞—皮达旦以及暖水沟一带有大片风积沙堆积。露天区地形南高北低，最高海拔标高为 1225 m（管子梁），最低海拔标高为 970 m（黑岱沟口），区内一般海拔标高为 1150 m。

哈尔乌素露天煤矿矿区构造简单，区内地层倾角均小于 10°，一般为 5°左右。在哈尔乌素沟以东露头区，倾角约为 30°，为一地层走向 NNW ~ SSE 向西倾斜的单斜构造。区内断层稀少，断距不大，在东北角有基性岩浆喷出。哈尔乌素露天矿区共含煤 12 层。其中，6 号煤层为主要可采层，9 号煤层为次要可采层，5 号、$6_{上}$、$6_{下}$、8 号煤层为局部可采层。哈尔乌素露天煤矿采区划分及开采顺序示意图如图 1 – 6 所示。

哈尔乌素露天煤矿矿区位于半干旱地区，属于大陆性半干燥气候。总的气候特点是冬季寒冷，夏季炎热，春秋两季气温变化剧烈，昼夜温差大。降水量较小，蒸发量较大，常有春旱现象。雨水多集中在 7、8、9 月，占全年降水量的 60% ~ 70%。年平均气温 5.3 ~ 8.2 ℃，多年平均气温在 7 ℃左右，1 月平均气温 –12.9 ~ –10.8 ℃，7 月平均气温在 29 ℃左右。结冰期为 10 月中旬至次年 4 月下旬，最大冻土深度 1500 mm，积雪厚度 2 ~ 15 cm，无霜期约 150 d，初霜日一般在 9 月 30 日左右，终霜日在 5 月 7 日左右。年降水

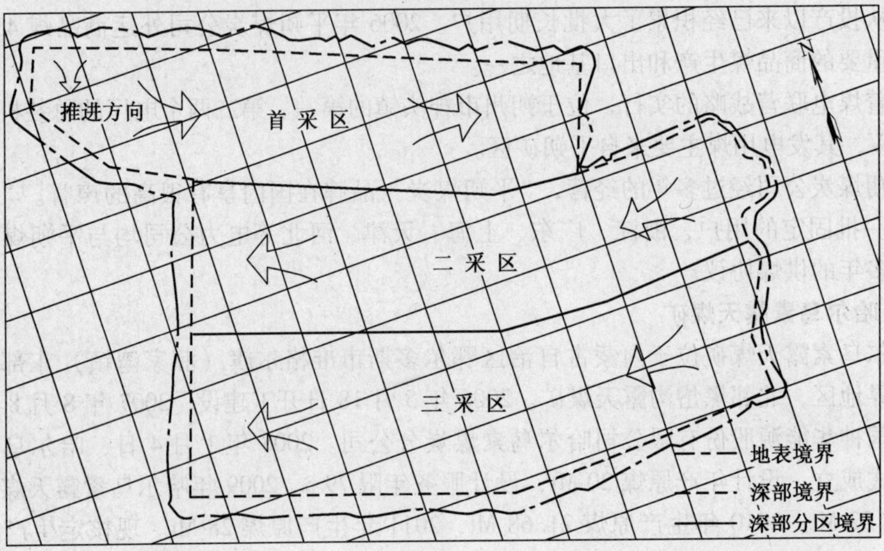

图 1-6　哈尔乌素露天煤矿采区划分及开采顺序示意图

量 231 ~634.7 mm，多年平均 408 mm。年蒸发量 1324.7 ~2896.1 mm，多年平均在 2100 mm 左右。煤田内受季风影响，冬季、春季多风，春季多为 4 ~6 级，3、4 月份为大风期。

3. 开采工艺形式

哈尔乌素露天煤矿土岩剥离采用单斗挖掘机—卡车间断开采工艺，采煤采用单斗挖掘机—卡车—地表半固定破碎站—带式输送机半连续工艺。

4. 外部环境条件

哈尔乌素露天煤矿位于薛家湾镇东部，北邻黑岱沟露天煤矿，矿区内公路、铁路交通已形成网络，如图 1-7 所示。

1.1.4　黑岱沟露天煤矿

黑岱沟露天煤矿隶属神华准格尔能源有限责任公司，位于内蒙古自治区鄂尔多斯市准格尔旗格尔煤田北部中间位置，矿区内公路、铁路交通已形成网络，交通十分方便。黑岱沟露天煤矿开采境界内可采储量（原煤）1413 Mt，自 1992 年 7 月开工建设，1999 年 11 月验收投产，至 2002 年末累计采出煤量 29.34 Mt。2003 年 7 月准能公司对黑岱沟露天煤矿进行拉斗铲倒堆工艺技术改造，2005 年达到设计规模 20 Mt/a，2011 年年产 31 Mt，现核定生产能力为 34 Mt/a。

1. 地质资源条件

黑岱沟露天煤矿含煤地层为山西组和太原组，自上而下含 1 ~10 号煤层。煤层平均厚度 32.08 m，含煤地层平均厚 133.75 m，含煤系数 24%。区内主要可采及局部可采煤层有 5、6、9 号煤层、其中 6、9 号煤层为复煤层。矿区底部走向长度平均 4.7 km，倾向宽度平均 8.8 km，面积 39.24 km^2，平均深度 150 m。境界内可采原煤储量 1413 Mt。

所产原煤属长焰煤，其物理性质如下：煤的硬度、密度和韧性较大，内生裂隙不发

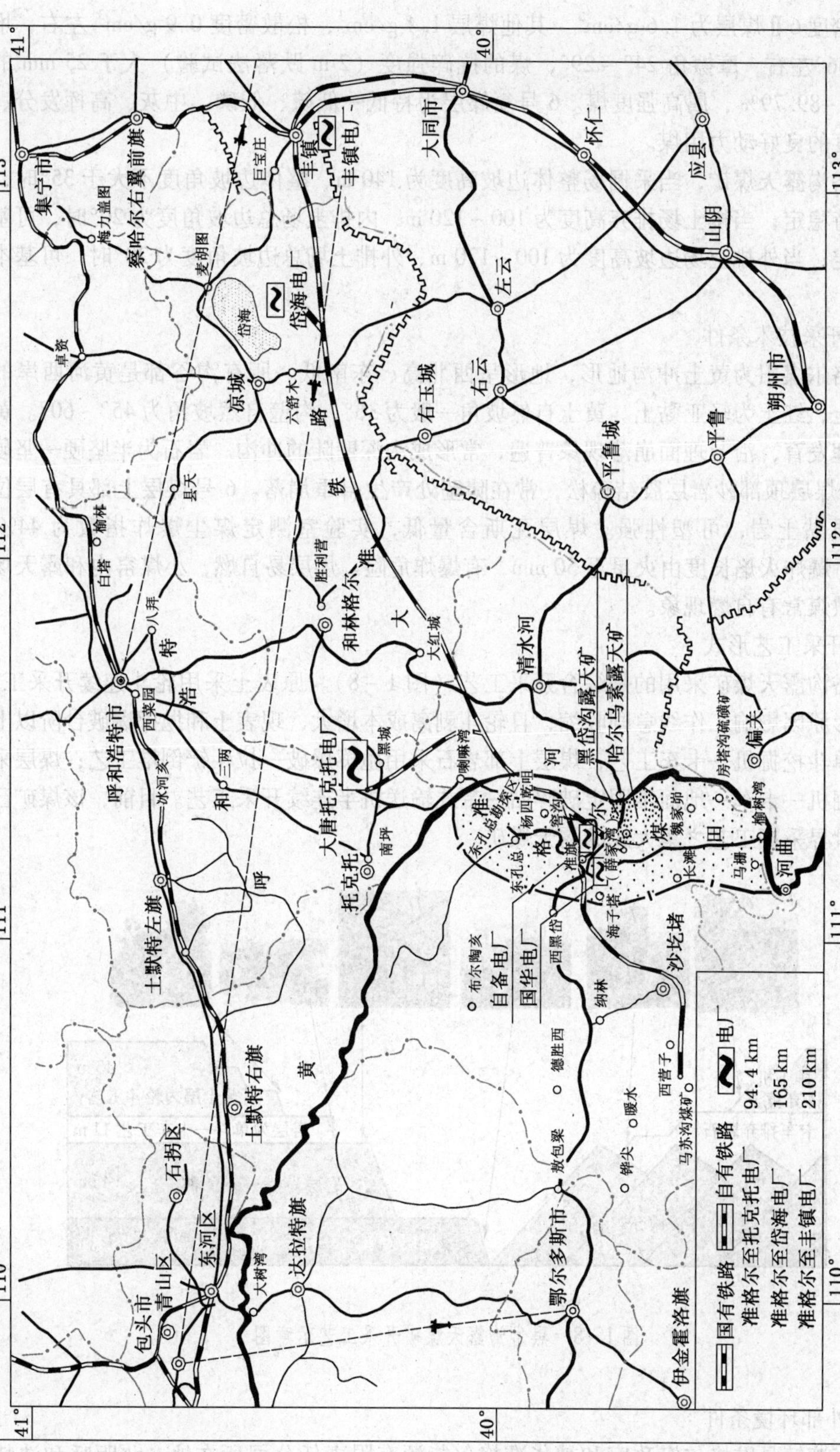
国有铁路
自有铁路
电厂
准格尔至托克托电厂 94.4 km
准格尔至岱海电厂 165 km
准格尔至丰镇电厂 210 km

图1-7 矿区位置交通图

育。视密度6Ⅱ煤层为1.6 g/cm³，其他煤层1.4 g/cm³，松散密度0.9 g/cm³左右，堆积静止角36°左右，摩擦角24°~29°，煤的抗碎强度（2 m跌落法试验）大于25 mm的占74.82%~89.79%，属高强度煤。6号复煤层为特低—低硫、低磷、中灰、高挥发分、高软化温度的良好动力用煤。

黑岱沟露天煤矿，当采掘场整体边坡高度为140 m、整体边坡角度不大于35°时，可基本保持稳定；当排土场排弃高度为100~120 m、内排土场总边坡角度为20°时，可基本保持稳定；当外排土场边坡高度为100~120 m、外排土场总边坡角度为20°时，可基本保持稳定。

2. 开采技术条件

准格尔煤田为黄土冲沟地形，地形呈西北高、东南低。所有沟谷都是黄河西岸的支沟。黄土、红土为轻亚黏土。黄土自然坡角一般为36°，沟壁自然坡角为45°~60°。黄土垂直节理发育，沿节理面崩落现象普遍，常形成沟深壁陡的冲沟。岩石为半坚硬—坚硬岩石。6号煤层顶部砂岩层胶结疏松，常在陡壁处产生自重崩落。6号煤层上部具有层位稳定的软质黏土岩，可塑性强。煤层瓦斯含量低，实验室测定煤尘爆炸指数为44%~44.8%，爆炸火焰长度由火星至50 mm，有爆炸危险。煤层易自燃，小煤窑内和露天场地堆放的散煤常有自燃现象。

3. 开采工艺形式

黑岱沟露天煤矿采用的是综合开采工艺（图1-8）。原表土采用轮斗连续开采工艺，但受地形原因影响工作线急剧收缩，且轮斗剥离成本增大，现表土和抛掷爆破台阶以上岩石采用单斗挖掘机—卡车工艺；煤层上部岩石采用抛掷爆破—拉斗铲倒堆工艺；煤层采用单斗挖掘机—卡车—地面半固定破碎站—带式输送机半连续开采工艺。目前，该煤矿已成为当今世界采掘工艺之集大成的露天煤矿。

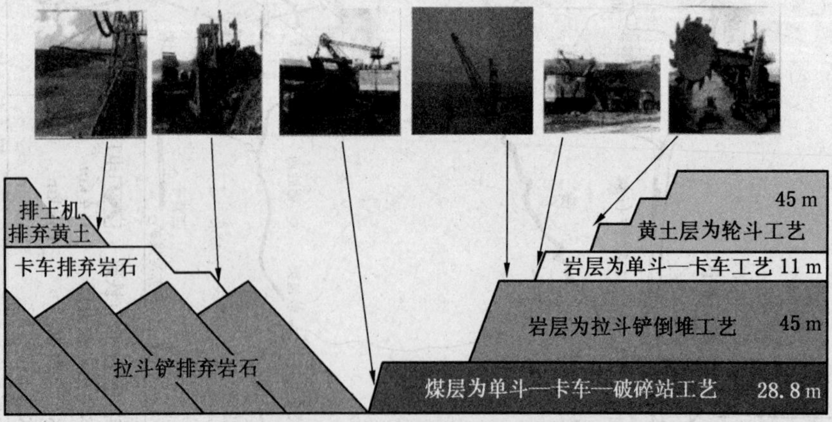

图1-8　黑岱沟露天煤矿开采工艺示意图

4. 外部环境条件

薛家湾镇是准格尔旗政府和神华准格尔能源有限责任公司所在地，北距呼和浩特市

127 km，呼薛高速公路已经通车；东南距黄河万家寨水利枢纽工程 49 km，西距鄂尔多斯市 120 km，均有 2 级、3 级公路相通。大（同）准（格尔）电气化铁路全长 264 km，向东与大（同）秦（皇岛）线接轨；准（格尔）东（胜）铁路东起大准铁路薛家湾站，西接包（头）神（木）铁路巴图塔站，全长 145 km。将要规划修建的准（格尔）河（曲）铁路，与神（木）朔（州）铁路、朔（州）黄（骅港）铁路相连，全长 84 km。矿区内公路、铁路交通已形成网络，交通十分方便。

1.1.5 霍林河南露天煤矿

霍林河南露天煤矿隶属中电投蒙东能源集团公司，位于内蒙古自治区霍林河煤田。该矿 1979 年开始建设，一期工程年生产规模 3 Mt 的南露天煤矿于 1984 年 9 月 1 日建设投产。二期扩建工程净增能力 7 Mt/a，构成年产 10 Mt 生产能力的一号露天煤矿于 1992 年 9 月 3 日建成投产。根据用户需求量及外运能力，一号露天煤矿建设规模确定为 15 Mt/a。2006 年编制改扩建工程修改初步设计说明书，2004 年达产 7.37 Mt，2005 年实际达产 9.03 Mt，2008 年达产 14 Mt，2009 年达产 15 Mt。现核定生产能力为 18 Mt/a。

1. 地质资源条件

霍林河矿区是我国重要的能源基地，霍林河南露天煤矿曾是全国五大露天煤矿之一，是我国也是亚洲第一个现代露天煤矿。霍林河南露天煤矿地质储量 1101.97 Mt，可采储量 948.19 Mt。按建设规模 15 Mt/a，储量备用系数 1.1 计算，服务年限为 57.5 a。

矿区内各岩种内摩擦角和凝聚力普遍较高，加之有利的地质条件，构造简单，岩层倾角平缓，故不易产生大的滑坡。但疏松粗砂岩和砂砾岩，特别是蒙脱石化凝灰岩和凝灰胶结的各种砂岩，遇水后膨胀松软，将影响露天煤矿的边坡稳定。蒙脱石化凝灰岩和一些凝灰质胶结的砂岩类在饱水条件下，强度大大降低，多呈疏松状，极易产生滑坡。

该矿区煤质具有低硫、低磷、高挥发分、高灰熔点、发热量稳定的显著特征，是火力发电的“绿色燃料”；煤层厚，埋藏浅，剥采比小，易开采，是我国具有较好开采条件的几个大型矿田之一。

2. 开采技术条件

霍林河南露天煤矿平均剥采比 3.973 m^3/t，赋存有 3 号煤层以下的 21 个煤层，其中可采煤层 9 个，即 6 号、8 号、10 号、11 号、14 号、17 号、19 号、21 号、24 号煤层，煤层累计厚度平均为 80.81 m，其中 14 号、17 号、19 号、21 号为主要可采煤层。煤层露头埋藏深度较浅为 0 ~ 16 m，霍林河南露天煤矿目前生产处于 Ⅰ 采区的中期，工作线长度目前达到 1700 m，其采区划分如图 1 - 9 所示。

霍林河南露天煤矿属于北温带大陆季风气候，多风、干燥、气温低。该区气候寒冷，年平均气温 0 ℃，0 ℃以下的天数 220 d，-20 ℃以下的天数 85 d，无霜期仅 80 d，年最大降水量为 426.9 mm，雨季为 5 月中旬至 9 月中旬，降雨多集中在 6 ~ 8 三个月。土壤从 10 月初开始冻结，至次年 7 月中旬解冻，结冻日数 286 d，该区年平均降水量为 380.5 mm。

3. 开采工艺形式

剥离采用单斗挖掘机—卡车间断工艺及单斗挖掘机—卡车—破碎机—带式输送机半连

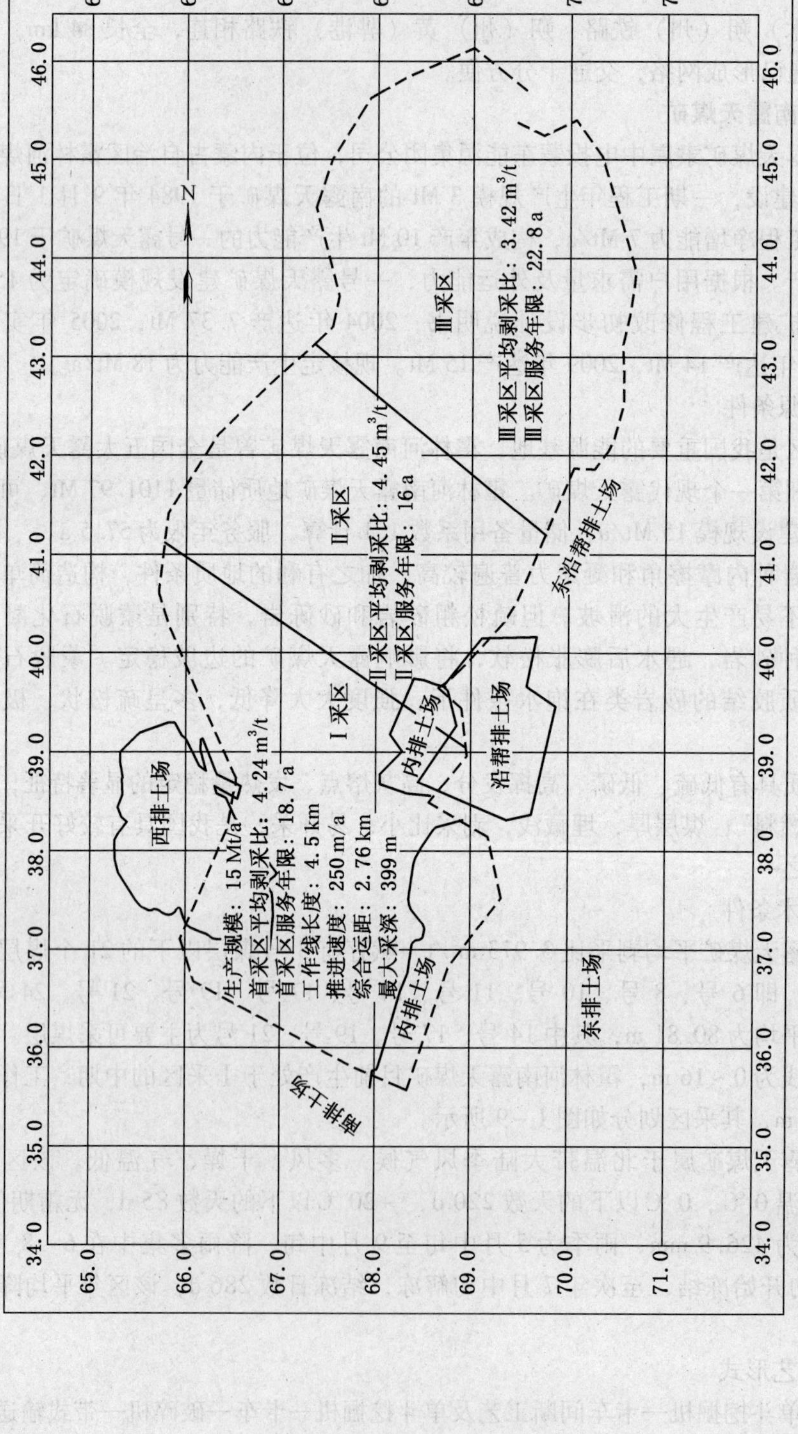

图 1-9 霍林河南露天煤矿采区划分示意图

续工艺，采煤采用单斗挖掘机—卡车—破碎机—带式输送机半连续工艺。霍林河南露天煤矿综合开采工艺如图1-10所示。

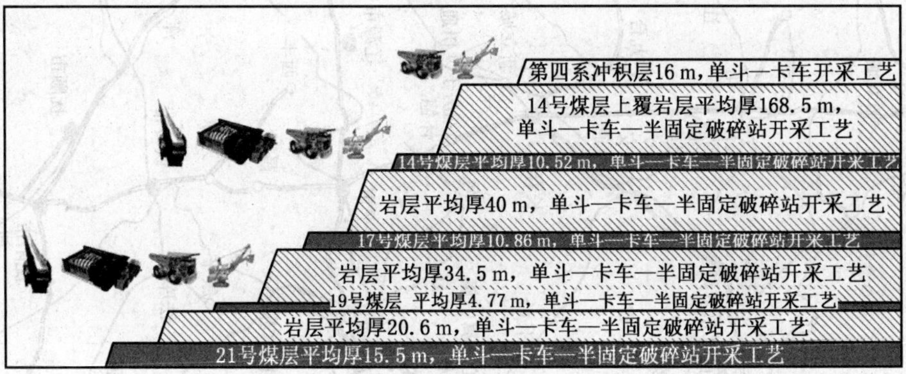

图1-10 霍林河南露天煤矿综合开采工艺示意图

4. 外部环境条件

矿区对外交通主要是通（辽）霍（林河）铁路，由霍林郭勒市的珠斯花站经兴安盟的西哲里木、科尔沁右翼中旗至通辽市，全长417 km，已建成通车。通霍公路由霍林郭勒市经鲁北至通辽市，全长324 km；矿区向东经吐列毛都、突泉到乌兰浩特公路，全长350 km；矿区向东北经军马场到国铁白阿线大石寨车站公路，全长215 km，距科尔沁右翼中旗公路约180 km。

通霍铁路对外交通方便，另有15 km的矿区铁路专用线在珠斯花站接轨，经铁路装车仓，矿区煤炭可直接外运，霍林河南露天煤矿交通位置如图1-11所示。

霍林河煤田含有丰富的腐植酸伴生资源，总储量在170~260 Mt，在全国同类矿山中储量最大、品位最优，为煤化工项目的可持续发展奠定了雄厚的资源基础。霍煤双兴煤气化项目是霍煤集团公司发展煤化工产业的重点项目，由霍煤集团公司与霍煤双兴水暖公司合资组建，主要利用霍林河优质褐煤造气的方式生产工业煤气，在此基础上，以煤气为原料生产甲醇，发展煤化工产业。

1.1.6 伊敏河露天煤矿

伊敏河露天煤矿隶属华能伊敏煤电有限责任公司，矿区位于内蒙古自治区呼伦贝尔市伊敏煤田。伊敏河露天煤矿一期规模由1 Mt/a扩建到5 Mt/a，净增4 Mt/a。扩建于1992年10月开工建设，1998年5月建成投产，2000年达到设计能力5 Mt/a。露天煤矿于2006年7月进行二期开工建设，2008年达到二期设计规模11 Mt/a，2010年达到三期设计规模16 Mt/a，核定生产能力22 Mt/a。

1. 地质资源条件

伊敏河露天煤矿境界内地质储量1044.45 Mt，可采储量988.80 Mt。区内绝大部分岩石属于软岩，除煤层外各类岩石的力学指标相当低，煤层的硬度远远大于岩石，岩石又以泥岩最软，砂岩类强度大于泥岩。那些胶结差、松散、介于半成岩状态的遇水呈渣状的

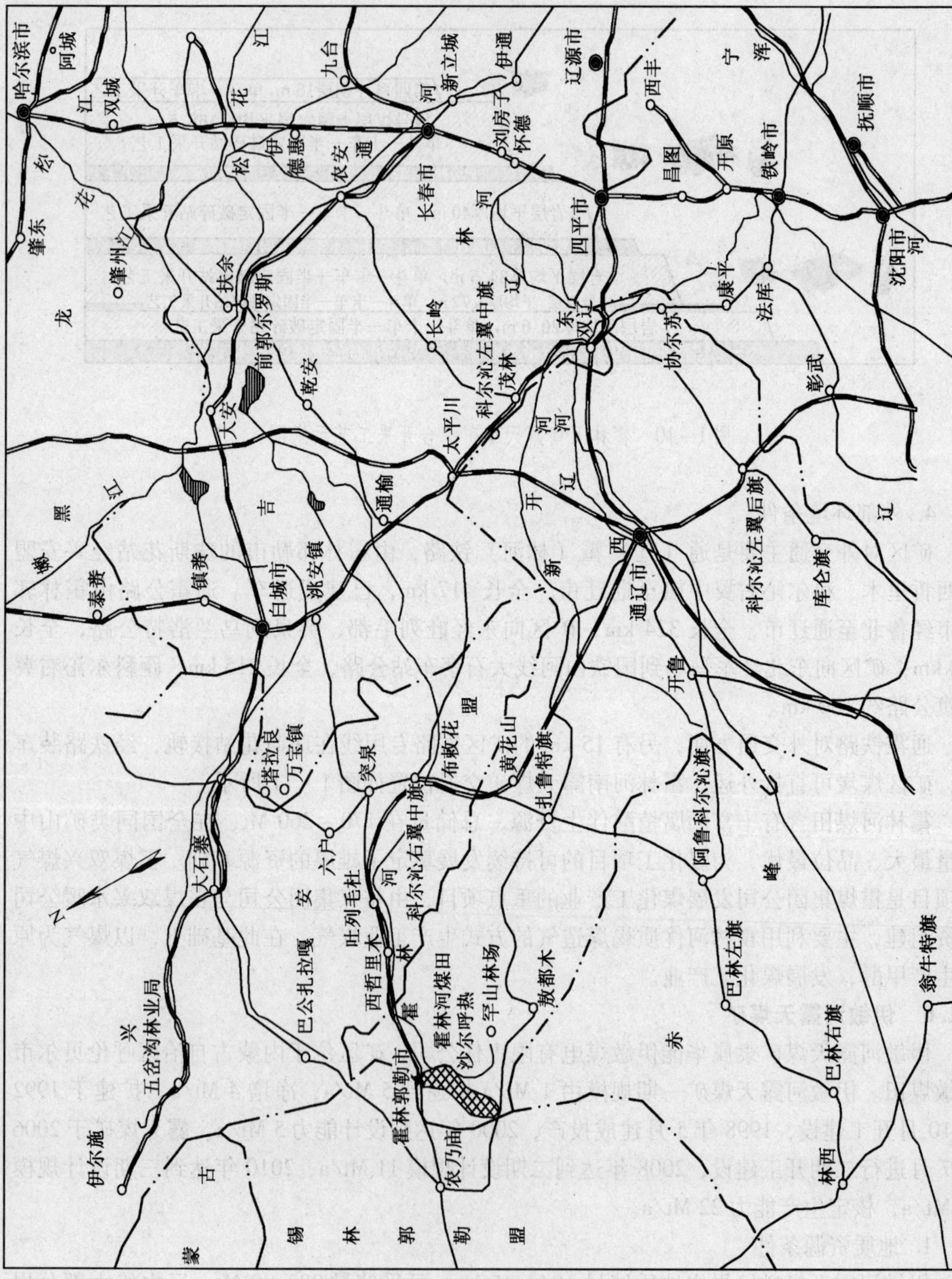

图 1-11 霍林河南露天煤矿交通位置图

砂—砂砾岩类，强度也很低。

综上所述，该区工程地质条件为Ⅰ类二型。煤种属中灰、低硫、低磷的优质褐煤，灰分20%、全水分40%、含矸率2%、含硫分0.25%、发热量在12~13 MJ/kg。

2. 开采技术条件

伊敏河露天煤矿开采境界内平均剥采比为2.79 m^3/t。露天区内有5号、9号、14号、$15_上$、$16_中$、$16_下$共6个可采煤层，其中15号、16号煤层为巨厚煤层，最大总厚度达132.11 m，平均总厚度为43.44 m。平均综合运距是2.49 km。煤层埋藏浅，煤层露头处覆盖层厚度平均为30 m。伊敏河露天煤矿目前生产处于二采区的中后期，工作线长度目前达到2000 m，其采区划分如图1-12所示。

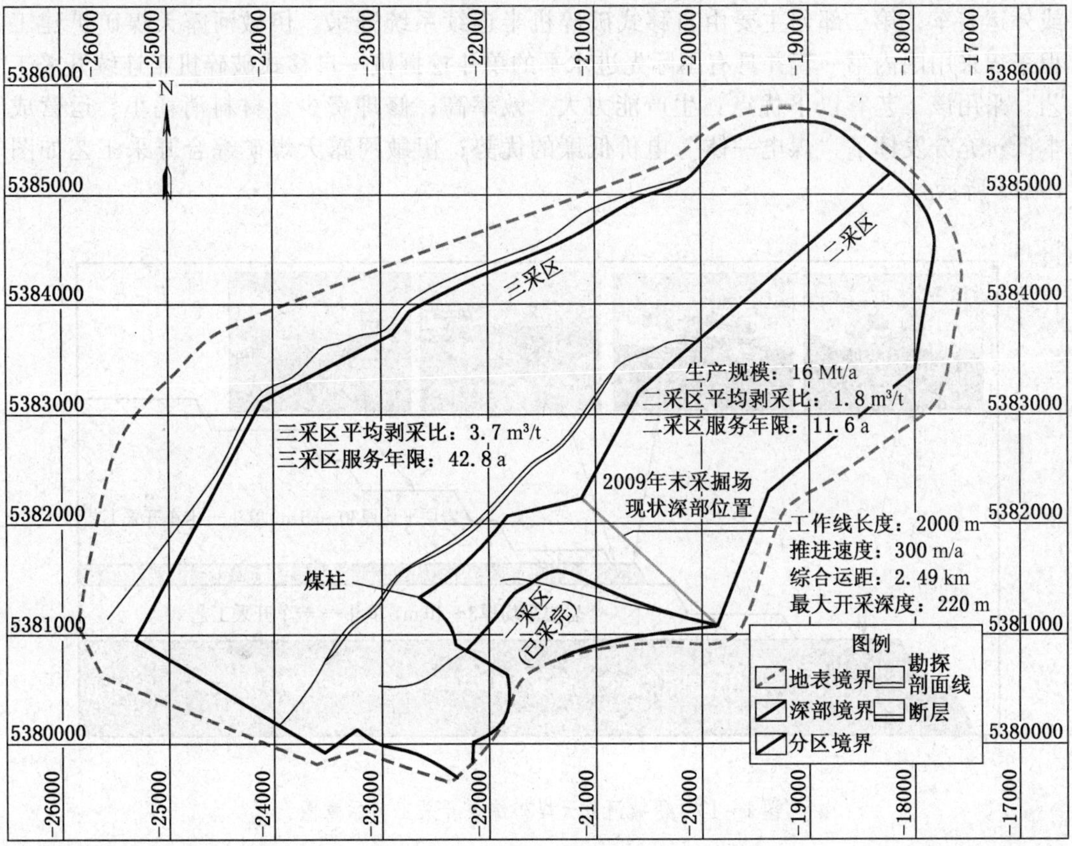

图1-12 伊敏河露天煤矿采区划分图

煤田矿区水文地质条件最重要的基本特征：煤层是主要含水层及强导水层，其富水性及透水性均较其他含水层高，其水力性质一般为裂隙承压水；而煤层顶底板含水层富水性及透水性相对较低；第四系砂砾石含水层分布面积较广，但厚度一般较小，其富水性和透水性均不及煤层含水层，其水力性质为孔隙潜水。

矿区属大陆性亚寒带气候，经常受西伯利亚寒流影响，冬季严寒，夏季酷热，温差较大。在全国已建的八大露天煤矿中，伊敏河露天煤矿气候最为寒冷，极端最高气温 37.3 ℃；极端最低气温 -48.5 ℃，年平均无霜期 119 d，年平均降水量为 339 mm，年最大降水量为 464.7 mm，相对水分平均为 69%。自 9 月下旬到次年 4 月下旬为冻冰期，平均结冻日数 245.2 d，平均结冻深度 3.235 m；平均积雪日数 141.6 d，最长 160 d；平均积雪厚度 10.24 cm，最大 22 cm。漫长的严寒期，给露天煤矿的生产带来诸多的不利影响，将导致生产成本增加，效率降低。

3. 开采工艺形式

露天煤矿剥离采用单斗挖掘机采掘、自卸卡车运输开采工艺。剥离物较软，由挖掘机直接采装，冻结期需对冻顶、冻帮进行松动爆破。采煤作业分两部分：一部分由运煤卡车经端帮运输道路运至 1、2 号破碎站，破碎后的煤经破碎站带式输送机系统运至电厂或外运装车；第二部分主要由自移式破碎机半连续系统开采。伊敏河露天煤矿扩建工程采煤采用国内第一套并具有国际先进水平的单斗挖掘机—自移式破碎机半连续开采工艺。采用该工艺有以下优点：生产能力大、效率高；修理费少、材料消耗小、运营成本低；充分发挥了“煤电一体”电价低廉的优势；伊敏河露天煤矿综合开采工艺如图 1-13 所示。

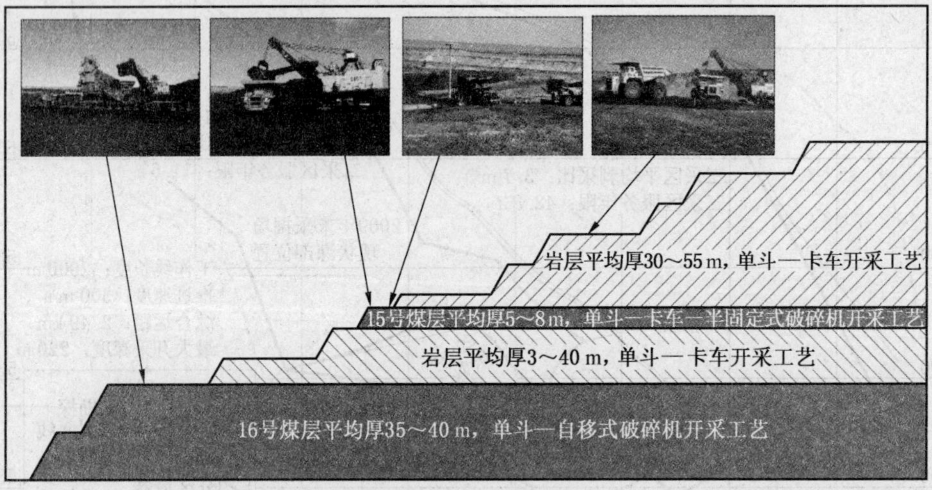

图 1-13　伊敏河露天煤矿综合开采工艺示意图

4. 外部环境条件

伊敏煤田位于大兴安岭西坡之伊敏河中游，内蒙古自治区呼伦贝尔市鄂温克族自治旗伊敏河镇境内。矿区交通现有由矿区至海拉尔的海伊公路相通，有海拉尔通往矿区工业站的国有铁路伊敏支线，与滨州线相通；与矿区邻近的呼伦贝尔市、满洲里市均设有民用机场，开通多条航线通往内地。已建成和正在建设由矿区通过大兴安岭西坡通往伊尔斯的两伊公路和铁路，矿区交通十分便利。矿区交通位置如图 1-14 所示。

华能伊敏煤电有限责任公司现已形成完善的产业链。公司下设发电厂、露天煤矿等 8

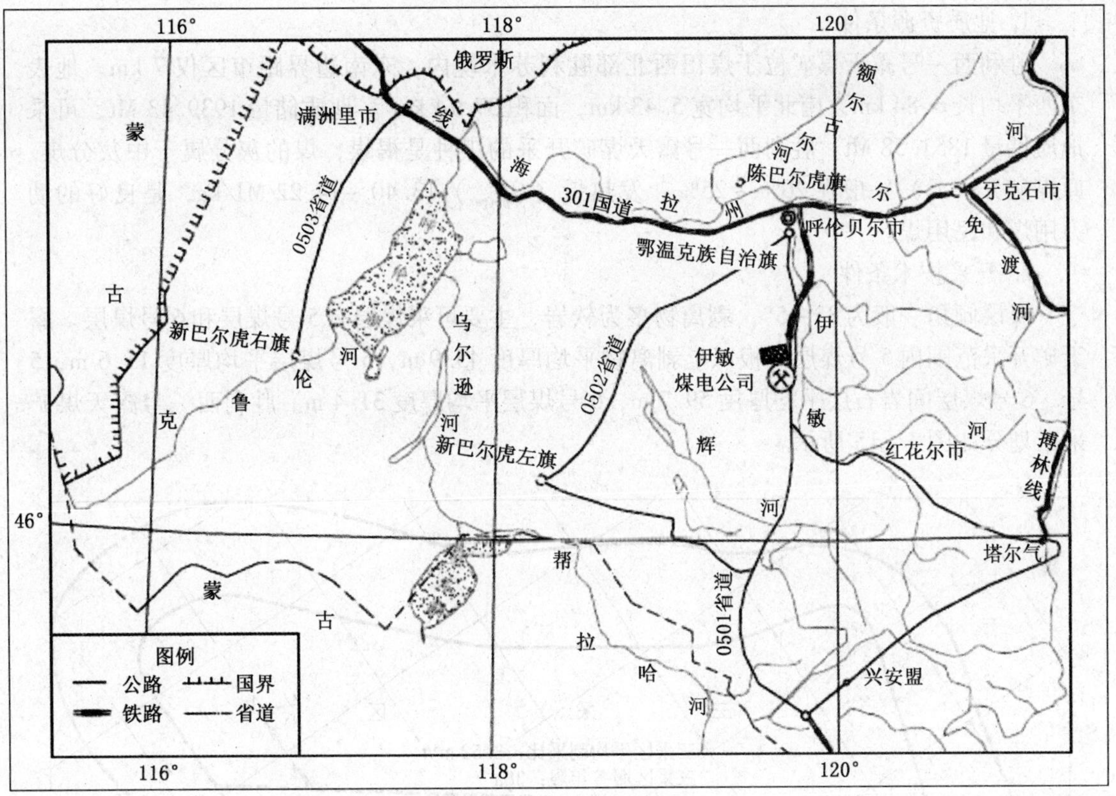

图1-14 伊敏矿区交通位置图

个生产及辅助单位，实行统一经营、统一核算、集中管理的扁平化管理模式。以电、煤为主要产品，后勤服务、多种经营等互为依托，全面发展。伊敏煤电变输煤为输电的产业政策，能够形成巨大的规模经济效益，煤电联营的生产方式又是具有特色的绿色环保能源工程。

华能伊敏煤电有限责任公司不仅注重完善的产业链的形成，而且发展循环经济，发电厂发电用煤从露天煤矿通过3.7 km的封闭输送带走廊直接送入电厂锅炉，发电产生的灰渣则通过5.2 km的封闭除灰廊道返排回填露天矿坑，覆盖腐殖土后在上面恢复植被。发电厂利用露天煤矿疏干水作循环补给水，粉煤灰在提出铁粉并综合利用后，剩余少量灰渣回填露天采空区。这种煤、水、灰的“循环利用”省却了运输环节，降低了煤炭生产和发电成本，既节省了建造煤场和灰场的投资，又减少了煤电生产对周围环境的污染。

1.1.7 胜利西一号露天煤矿

胜利西一号露天煤矿隶属神华集团胜利能源公司，位于内蒙古自治区锡林浩特市胜利煤田。胜利西一号露天煤矿由于赋存条件、煤质、基础设施等开发建设条件比较优越，被列为首先开发的矿田。胜利西一号露天煤矿分两期建设，一期规模10 Mt/a，通过锡—桑—兰铁路，主要供应与之配套的正蓝旗上都电厂；二期规模20 Mt/a。

1. 地质资源条件

胜利西一号露天煤矿位于煤田西北部胜利苏木境内，东南边界距市区仅7 km。地表东西平均长6.84 km，南北平均宽5.43 km，面积37.14 km^2。地质储量1939.43 Mt，可采地质储量1851.58 Mt。胜利西一号露天煤矿开采的煤种是褐煤，煤的灰分属于中灰分煤。原煤灰分（A_d）一般在20% ~25%，发热量（$Q_{net,ar}$）13.40 ~ 14.22 MJ/kg，是良好的动力用煤和民用煤。

2. 开采技术条件

煤层倾角一般为3°~5°，剥离物多为软岩，主要可采煤层有5号煤层和6号煤层。露天矿开采范围内5号煤层顶板以上剥离物平均厚度45.9 m，5号煤层平均厚度15.6 m，5号、6号煤层间岩石层平均厚度59.7 m，6号煤层平均厚度31.4 m。胜利西一号露天煤矿采区划分如图1-15所示。

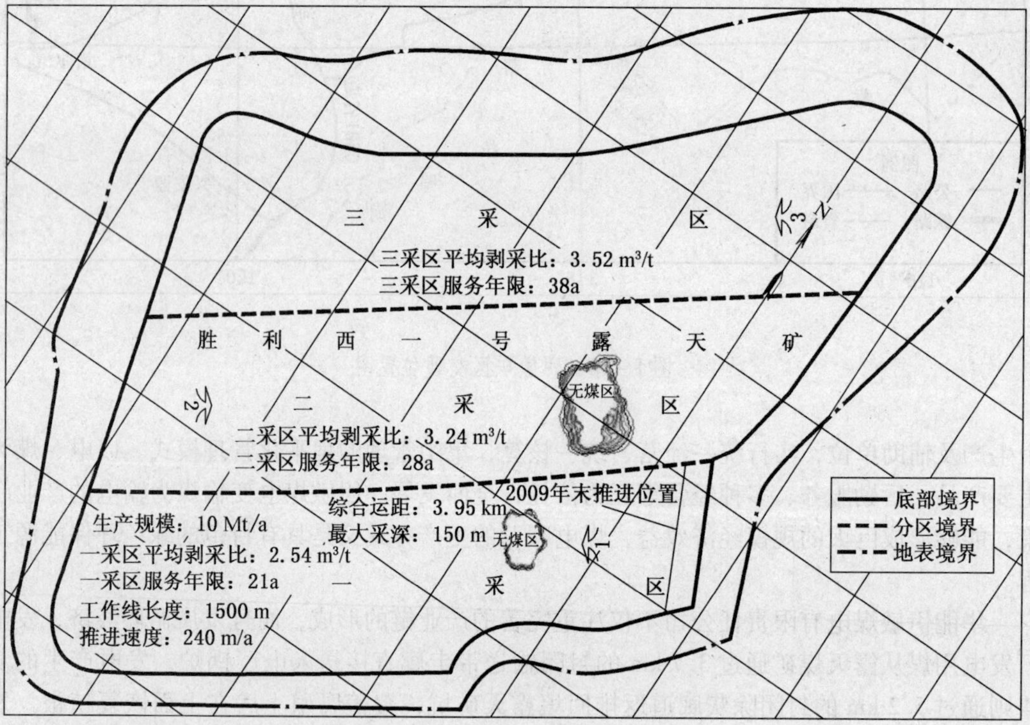

图1-15　胜利西一号露天煤矿采区划分图

矿区属半干旱草原气候，冬寒夏炎，年温差较大。极端最高气温38.3 ℃，最低气温-42.4 ℃。多年平均降水量294.74 mm，年平均蒸发量1794.64 mm，每年6、7、8三个月为雨季，占全年降水量的71%。平均风速3.5 m/s，最大风速24 m/s。无霜期122 d，历史上最大冻土深度2.89 m。

3. 开采工艺形式

胜利西一号露天煤矿剥离全部外包，采用单斗挖掘机—卡车工艺，5号煤层开采仍采用单斗挖掘机—卡车—地面半固定式破碎机—带式输送机半连续工艺，6 号煤层开采采用单斗挖掘机—卡车—坑内可移式破碎机—6 号煤层底板平巷带式输送机—端帮斜井带式输送机半连续工艺，胜利西一露天煤矿综合开采工艺如图 1 - 16 所示。

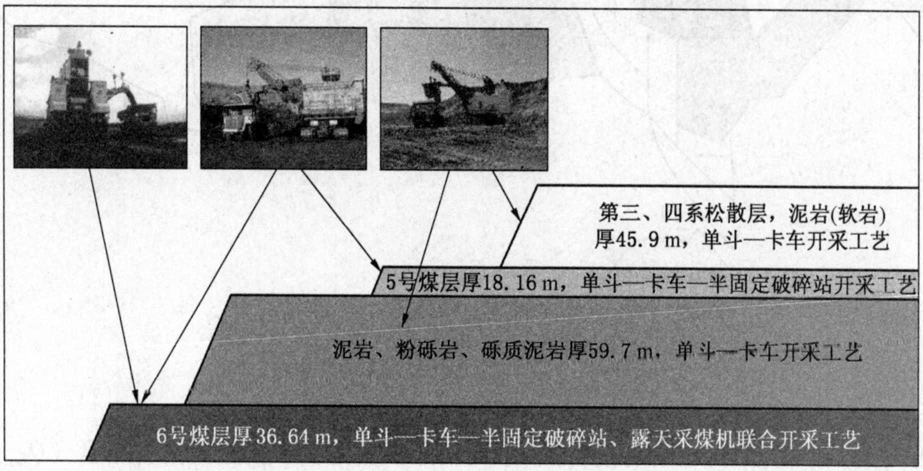

图 1 - 16　胜利西一露天煤矿综合开采工艺示意图

4. 外部环境条件

矿区内公路、铁路等主要交通网络已经形成，交通十分方便。公路路线包括以锡林浩特市为中心南至张家口的锡张公路，东南至赤峰的锡赤公路，西至赛汗塔拉的锡赛公路，北至阿尔善的锡善公路。铁路路线包括锡林浩特市至桑根达来的锡桑铁路，桑根达来至正蓝旗电厂的桑—蓝铁路，锡—桑—蓝铁路近期运量 4.5 Mt/a，远期运量 10 Mt/a；锡—桑—蓝铁路与集通铁路在桑根达来接轨，并通过集通铁路与全国铁路网相连。

胜利西一号露天煤矿拥有完善的产业链，投产后生产的商品煤主要为供给电厂的原料用煤。胜利一号露天煤矿建设规模 20 Mt/a，分两期建设，一期规模 10 Mt/a，通过锡—桑—蓝铁路，主要供应与之配套的正蓝旗上都 2 × 600 MW 电厂；二期规模达到 20 Mt/a，新增 10 Mt/a 规模，主要供给神华北电胜利能源有限公司自建的 4.8 MW 的坑口电厂。

1.1.8　胜利东二号露天煤矿

内蒙古大唐国际锡林浩特矿业公司胜利东二号露天煤矿隶属大唐国际发电股份有限公司和中国大唐集团煤业有限责任公司。该矿位于胜利煤田的中部，锡林浩特市北部，距锡林浩特市 3 km。分 3 期建设，一期建设规模 10 Mt/a，于 2008 年 12 月 29 日获得国家发展和改革委员会核准，2010 年 6 月 11 日通过国家验收；二期建设规模 30 Mt/a，将在一期工程的基础上进行扩建；三期建设规模 60 Mt/a。胜利东二号露天煤矿位置如图 1 - 17 所示。

1. 地质资源条件

胜利东二号露天煤矿矿权境界东西长 7.3 ~ 8.0 km，南北宽 6.1 ~ 6.3 km，面积 49.63 km^2；露天开采煤层为 4 号、5 号、6 号煤层，露天开采可采储量 3970.02 Mt，平均

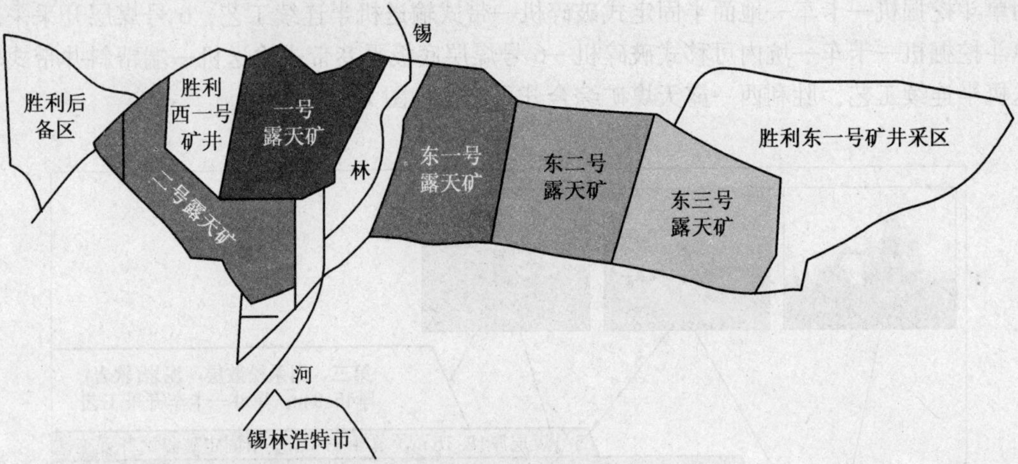

图 1－17　胜利东二号露天煤矿位置图

剥采比 3.01 m^3/t。属中灰、高挥发分、中硫、低中软化、中热值煤，发热量（$Q_{net,d}$）为 19.47～24.90 MJ/kg，煤种为褐煤二号。胜利东二号露天煤矿采区划分如图 1－18 所示。

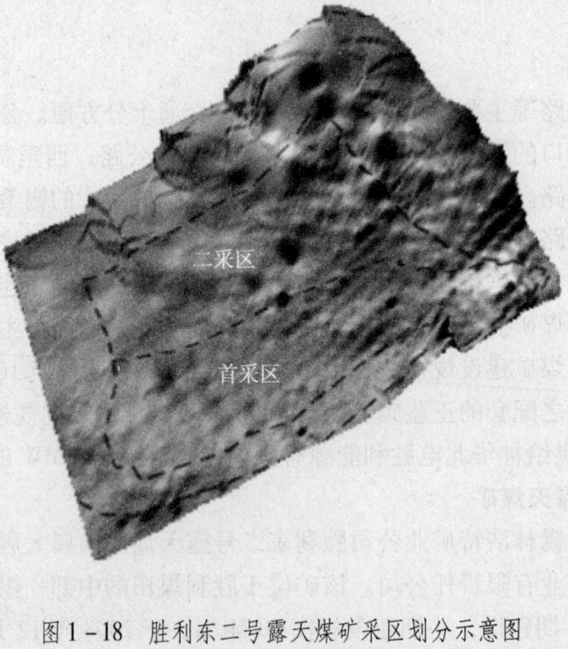

图 1－18　胜利东二号露天煤矿采区划分示意图

地质赋存条件具有埋藏深、煤层厚、岩性软、气候冷的特点。露天开采的 4 号、5 号、6 号煤层总厚度 2.8～232.3 m，聚煤中心区的煤层总厚度（4 号至 11 号煤层）最厚达 320.65 m，是迄今为止发现的最厚煤层。露天开采深度 172.7～623.0 m，平均 450.4 m。适合建设特大型露天煤矿，合理开采规模 60～70 Mt/a。

2. 开采技术条件

胜利东二号露天煤矿勘探区含煤地层为下白垩统巴彦花群锡林组下含煤段和胜利组上含煤段。胜利组含煤段煤层发育好，为主要含煤段。胜利东二号露天煤矿主采的4号、5号、6号煤层赋存聚集，总厚度巨大，虽然煤厚变化很大，但是变化具有规律性，煤层赋存稳定。由于煤层赋存条件的优势，使得生产稳定，产量稳定，开采工艺简单。

3. 开采工艺形式

胜利东二号露天煤矿一期工程所采用的剥离工艺为996 m水平以上表土剥离采用单斗挖掘机—卡车工艺（外包），岩石剥离采用单斗挖掘机—卡车工艺。采煤工艺为单斗挖掘机—卡车—半移动破碎站—带式输送机半连续工艺。

为了在整体上实现开采工艺技术先进可靠、经济合理的目标，胜利东二号露天煤矿二期工程设计采用如下综合开采工艺。

剥离：采用单斗挖掘机—自移式破碎机—带式输送机—排土机、单斗挖掘机—卡车—半移动破碎站—带式输送机—排土机和单斗挖掘机—卡车相结合的半连续开采工艺。

采煤：采用单斗挖掘机—卡车—半移动破碎站—带式输送机半连续开采工艺。在一期工程已形成的一套能力为10 Mt/a采煤工艺系统的基础上，二期工程达产时新增两套能力各为10 Mt/a的采煤工艺系统，总能力达到30 Mt/a。

4. 外部环境条件

胜利东二号露天煤矿西南边界拐点距锡林浩特市10 km，行政区划隶属锡林浩特市郊区宝力根苏木。矿区交通目前以公路为主，胜利东二号露天煤矿与外界有公路、铁路及民航相通，交通十分便利。矿区南部附近有307省道通过，与草原便道相连；通过锡桑线与集通铁路相接，并以此与国家铁路网相连；锡林浩特西郊有民航机场，与北京、呼和浩特之间每周有定期航班。

大唐国际在“锡多克”能源重化工基地规划了多伦煤化工、克旗煤制天然气、锡林浩特电厂项目等转化项目，在阜新规划了阜新煤制天然气项目，并参股建设了两条铁路通道，形成完善的产业链，为胜利东二号露天煤矿提供了广阔的市场和稳定的运输通道。

1.2 国外露天煤矿概况

1.2.1 澳大利亚古涅拉·河畔（Goonyella Riverside）露天煤矿

1. 概况

古涅拉·河畔露天煤矿隶属必和必拓（BHP）公司，位于澳大利亚昆士兰州的鲍恩盆地，北距摩郎巴赫（Moranbah）30 km，在海波因特（Hay point）运煤港西南190 km处。古涅拉煤矿始建于1971年，1989年合并了毗邻的河畔煤矿组建了现在的古涅拉·河畔露天煤矿，可采储量为599 Mt，每年计划采原煤18.5 Mt，矿山服务年限50 a，生产剥采比为6～7 m^3/t。

古涅拉·河畔露天煤矿开采的煤层属二叠纪煤，共有上层、中层和下层3个主采煤层。覆盖层厚度为70～150 m，上层煤厚4～5 m，中层煤厚9～10 m，下层煤南端厚5.7～6.9 m，中部厚8～9 m，北端形成两个煤层分别厚6 m和3 m。煤炭主要出口亚洲和欧洲，煤种为高热值的焦煤，煤质指标见表1－1。

表 1-1 古涅拉·河畔露天煤矿煤质指标

露天煤矿	古涅拉煤矿	河畔煤矿
全水分/%	10	10
挥发分/%	23.8	22
灰分/%	8.9	9.8
硫分/%	0.52	0.55
自由膨胀度	8	7.5
磷/%	0.02	0.01
α_{max}	1100	400

2. 生产工艺

露天煤矿走向长度 23 km，上部岩石剥离采用单斗挖掘机—卡车间断工艺和单斗挖掘机—自移式破碎机半连续工艺，煤层上方 40~50 m 岩层剥离采用拉斗铲倒堆工艺；采煤采用液压铲—卡车间断工艺；排土采用排土机及推土机联合工艺。古涅拉·河畔露天煤矿典型断面如图 1-19 所示。

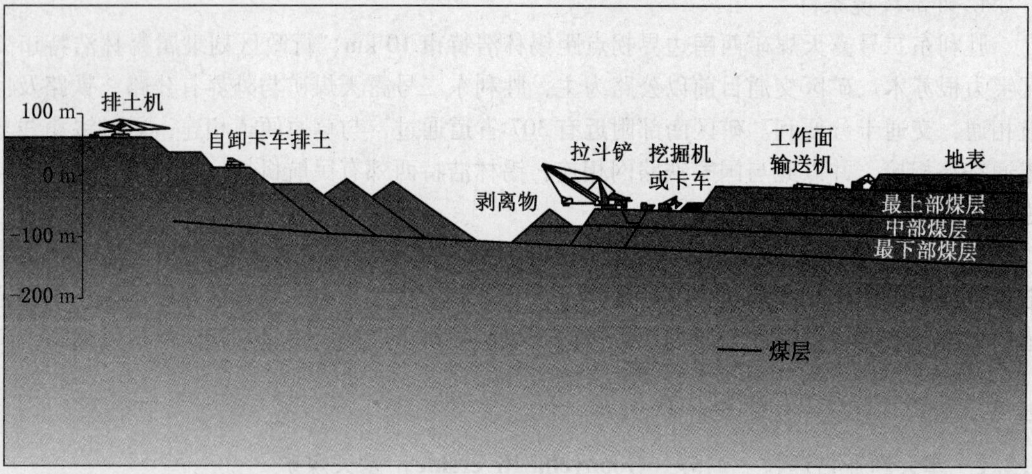

图 1-19 古涅拉·河畔露天煤矿典型断面图

钻孔用 3 台 Drilltech 的 D90K 钻机，1 台 Svedala SKS 钻机，孔径 270 mm，孔网参数为 8 m×8 m，每年钻进 1200 km，爆破量每年达 100 Mm^3，年消耗炸药 38000 t，钻机用 GPS 定位调度。

56 m^3 电铲 P&H4100XPB 和 MMD 的双齿辊自移式破碎机（10000 t/h）半连续系统承担每年 13 Mm^3 的剥离量，56 m^3 电铲 P&H4100XPB 和 8 台小松 930E 后卸式卡车（315 t）承担每年 21 Mm^3 剥离量，P&H4100A（43 m^3）电铲和 8 台 Cat793（218 t）卡车每年承担 17 Mm^3 剥离量。

剥离运输技术改革采用了全移动式破碎机半连续系统（图 1-20），使电铲和带式输送机运输系统配合更加高效，并具有较强的适应性。上部部分台阶需要松动爆破，电铲把爆破和未爆破的剥离物装入 10000 t/h 的自移式破碎机。破碎机把岩石破碎到粒径最大为 350 mm 的适合带式输送机运输的小块，然后转到带式输送机，三级输送，经输送机传输长达 5 km 后通过排土机排到排土场，然后用推土机进一步平整台阶和优化排弃参数。因带式输送机能力不足，目前只能达到 6000 ~ 8000 t/h。

图 1-20　单斗挖掘机—自移半连续工艺系统

煤层上方的岩石主要通过拉斗铲倒堆实现，拉斗铲一般剥离煤层上方 50 ~ 60 m 的岩层，通过多级倒堆排到排土场。其中 3 台 Marion8050（51 m^3）每年承担 16 Mm^3 的岩石剥离，2 台 BE1370（48 m^3）主要承担 15 Mm^3 的岩石剥离，2 台 BE1350（35 m^3）主要承担 10 Mm^3 的岩石剥离。拉斗铲再倒堆率平均 50%，最大 85%。该矿不采用强力抛掷爆破，主要原因是避免煤的贫化，故爆破有效抛掷率仅为 10% ~ 15%。

煤层在开采之前都需要松动爆破，采煤主要是用 2 台 Cat994（25 m^3）前装机和 2 台 O&KRH170（20 m^3）液压挖掘机，运输采用 5 台 220 t 级的 Cat784 卡车和 7 台 Cat793 卡车，挖掘设备调度使用卫星监控和定位系统。

3. 技术创新

古涅拉 · 河畔露天煤矿通过不断技术更新和创新，使露天煤矿的成本逐年降低，效率提高。单斗挖掘机—卡车工艺成本 1.6 澳元/m^3。单斗挖掘机—移动破碎站工艺成本 0.8 澳元/m^3。挖掘机年工作时间在 6000 h 以上，卡车年工作时间在 5600 h 以上。设备数量少，操作工人减少，工资降低。特别是大型电动轮卡车，由直流驱动变为交流驱动后，没有炭刷，工作制动消耗比较小，使年工作时间达到 6500 h，出动率达到 90% ~95%，年运量达到 3500000 m^3/台（岩石密度 2.3 t/m^3）。

由于采掘和运输设备的大型化，使挖掘机数量小于台阶数量，为组合台阶开采创造了有利条件。台阶高度 15 m 时，可采用 2 ~ 3 个台阶合并穿孔和采装，大大减少穿孔机队的移动时间，增加穿孔机的能力；挖掘机在横向工作面采掘，一次采宽与拉斗铲采宽一致（60 ~ 70 m），从而使工作帮坡角由 19°增加至 31° ~ 32°，减少了基建工程量，基本按陡帮自然剥采比生产。

采用长坡道（6% ~8%）运输坑线，坡道间不设直线平坡段，充分利用卡车运行特征缩短卡车运行周期，提高运行速度。坑内建临时通道（由采掘场至排土场增加新坑线），减少内排运距，降低成本，基本 1 km 左右就增加一条临时通道。

设备完好是一线生产的保障，设备的操作工人是完成生产的关键人员，为此矿山十分重视每个工人的身体状况，每天上班前均对每个工人进行测试（通过仪器）。如果达不到矿方的要求不允许上岗，这就保证了出勤必出力，精神饱满的进入工作状态。完好的设备、出色的操作工人，保证了生产的顺利进行。此外，该矿矿工年薪在 9.8 万 ~10.2 万澳元之间，高薪保证了高效。

1.2.2 德国哈姆巴赫（Hambach）露天煤矿

1. 概况

哈姆巴赫露天煤矿是为接续莱茵矿区煤产量，特别是为接替福尔图纳露天煤矿而于 1978 年开始建设的。至 20 世纪年代中期，该矿的原煤产量达 50 Mt，年剥离量为 310 Mm^3，成为当时世界上最大的露天煤矿。

莱茵褐煤田是欧洲最大的煤田，面积 2500 km^2，储量 55 Gt，其中能用目前技术装备经济采出的储量为 35000 Mt。在联邦德国，褐煤电厂的发电量占总量的 23% 以上。目前，该矿区由莱茵褐煤股份公司经营，有 5 个露天煤矿，年产量约 120 Mt，每个露天煤矿的年生产能力为 20 ~50 Mt，年剥离量为 60 ~160 Mm^3。由于莱茵矿区有利的地质赋存及气候条件，各矿均采用连续式开采工艺。

哈姆巴赫褐煤田大致位于莱茵矿区的中央区域。哈姆巴赫开采区地质上属于埃尔富特地块，位于一个缓斜坡上，西部以鲁尔河为界，标高为海拔 100 m，东部以埃尔富特谷为界，标高为海拔 60 m，矿区面积达 110 km^2，褐煤储量约为 4500 Mt。

2. 地质条件

煤层以 1：20 的坡度向东北倾斜。鲁尔边缘有一落差为 300 m 以上的断层，成为露天矿的西南境界。煤田中有数个正断层穿过，走向均为西北—东南。西南部煤层厚度 20 m，向东部逐渐变厚，发热量为 8.2 ~11.4 MJ/kg，水分为 49% ~59%，灰分为 1.9% ~5%。

覆盖层主要由砾岩和砂岩组成，约占总量的 70%，其余为黏土。覆盖层厚度为 150 ~400 m，主采区内总剥离量达 15400 Mm^3。剥采比由西向东增大，主采区平均剥采比为 6.3 m^3/t，扩采区则达 7.4 m^3/t。

3. 设计及环保

由于莱茵区是居民稠密区，故搬迁和环境改造对确定开采范围及选择分区开采程序有决定性影响。将哈姆巴赫煤田划分为主采区和扩采区（Ⅰ、Ⅱ号露天煤矿）对于搬迁和交通规划是有利的。

哈姆巴赫露天煤矿有近 2700 Mm^3 的外排量，从最经济角度而言，应建立近距坑边排土场，但从环境改造出发并非最优决策。鉴于莱茵地区的特殊情况，采用哈姆巴赫露天煤矿的外排量回填露天煤矿采空区，为复垦创造条件。为此，至 1989 年将大约 1000 Mm^3 的剥离物排到紧挨着露天煤矿的索菲茵高地的外排土场，并随排弃工程进展再创建新的森林带。该外排土场的有利条件还在于今后能直接过渡到内排土场。其余的 1.7 Gm^3 剥离物经长距离带式输送机运送至 14.5 km 外的福尔图纳和贝格海姆露天煤矿的采空区进行内排。

由于哈姆巴赫露天煤矿紧邻城镇，必须创造一个有效保护邻近的居民区的环境，主要是防尘和防噪声措施：一是通过对易产生尘埃的煤面进行人工喷洒、凝固或加保护层；二是在城镇边缘构筑防护堤来防止噪声的侵入，并尽可能进行有效的绿化。

4. 设备条件

哈姆巴赫露天煤矿产量规模巨大，且剥采比较高，采用了最大能力的设备使开采费用趋于最小化。该矿使用了 8 套轮斗铲—带式输送机—排土机连续开采工艺系统。单台机组的最高日能力达 371000 m^3，最高年能力达 60 Mm^3。输送机总长大约 120 km，带宽 2.8 m，带速为 7.5 m/s。

5. 采运条件

从哈姆巴赫露天煤矿向相距约 30 km 远的用户运输煤炭，采用一条 19 km 长的准轨复线铁路，这条铁路线与作为南北铁路线的铁路系统相连接，可把莱茵范围内的所有露天煤矿和用户互相连接在一起，如图 1－21 所示。

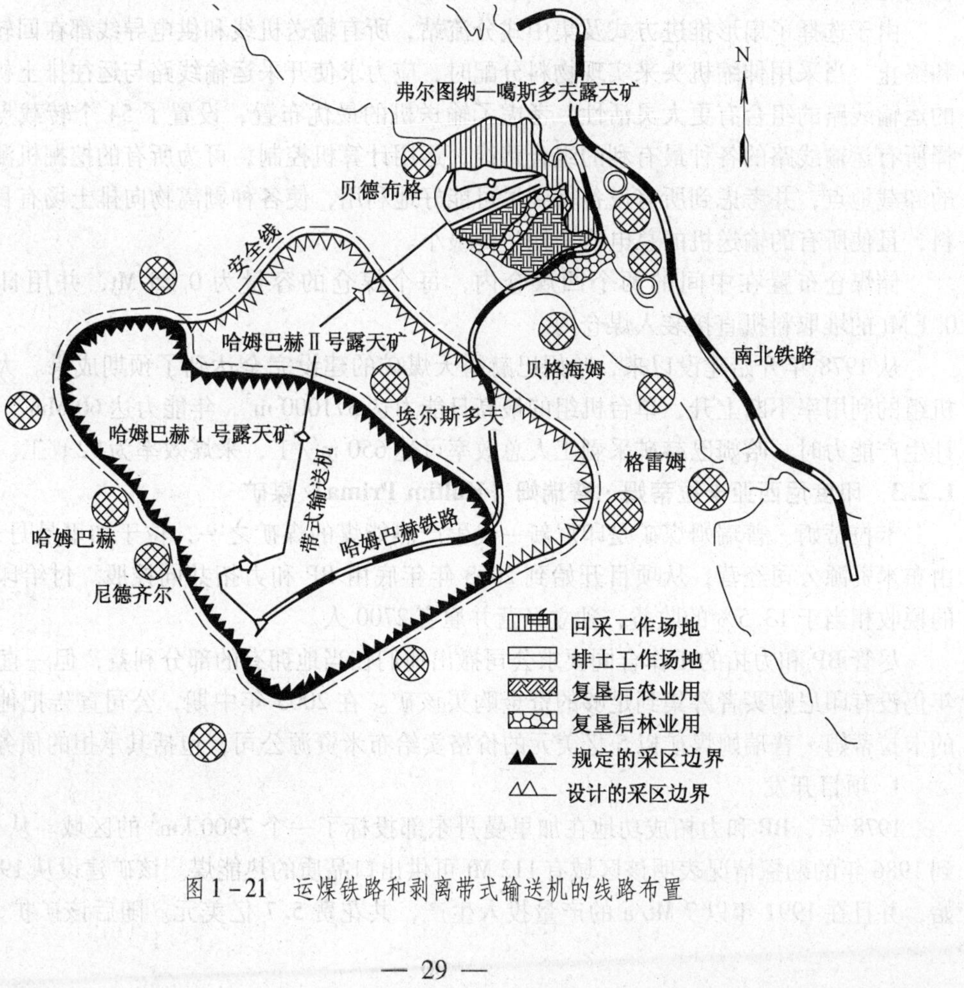

图 1－21　运煤铁路和剥离带式输送机的线路布置

决定采用运煤铁路而不用输送机的理由如下：

（1）运煤铁路与现有南北铁路的铁路网相连接，为哈姆巴赫露天煤矿向所有用户供应煤炭创造了可能性。

（2）铁路运输产生较长时间的运输中断所造成的生产危害较之带式输送机小，如兴建两条输送机线对比，则铁路运输更为经济。

（3）因其他露天煤矿产量下降而闲置的电机车和矿车可再利用。

（4）可在哈姆巴赫露天煤矿和所处矿区中心的主机修理厂间运送机械部件。

与此相反，对哈姆巴赫露天煤矿向福尔图纳矿等采空区排土时的剥离物运输方式则决定采用输送机运输，其主要理由如下：

一是，每年外排量可达 120 Mm^3，必须用 5 条铁路线来代替 3 条输送机线，以便在车流密度高的情况下，4 条铁路能正常运转，而 1 条则用于检修。

二是，由于哈姆巴赫露天煤矿与福尔图纳矿的剥离物运输均采用输送机，如果中间插入一段铁路运输线路，则物料需进行两次转载，造成列车的装载、卸载费用的增加及技术上的困难。

三是，在露天煤矿采空区充填结束后，输送机可移入露天煤矿中继续应用，而铁路设备则完全闲置。

由于选择了扇形推进方式及集中式分流站，所有输送机线和供电导线都在回转站起始和终止。当采用伸缩机头来实现物料分配时，应力求使开采运输线路与运往排土机和煤仓的运输线路的组合有更大灵活性。考虑了输送机的最优布置，设置了 54 个转载点，为选择所有运输线路的各种最有利的组合路线，运用计算机控制，可为所有的挖掘机测得正确的卸载地点，并考虑到所有设备得到尽可能好地利用，使各种剥离物向排土场有目的地排料，且使所有的输送机的总电能消耗达到最小。

储煤仓布置在中间的两个凹煤仓内，每个煤仓的容量为 0.25 Mt，并用日能力为 0.1 Mt 的堆取料机直接装入煤仓内。

从 1978 年开始建设以来，哈姆巴赫露天煤矿的建设完全达到了预期成果。大型开采机组的利用率不断上升，单台机组的最高日能力达 371000 m^3，年能力达 60 Mm^3。达到设计生产能力时，哈姆巴赫矿采剥工人总效率可达 650 m^3/工，采煤效率为 92 t/工。

1.2.3 印度尼西亚卡拉蒂姆·普瑞姆（Kaltim Prima）煤矿

卡拉蒂姆·普瑞姆煤矿是印尼新一代生产热能煤的煤矿之一，位于加里曼丹东北部，由布米资源公司经营，从项目开始到 2003 年年底由 BP 和力拓共同控股。付给印尼政府的税收相当于 13.5% 的收益，独立经营并雇有 2700 人。

尽管 BP 和力拓的工作合同要求公司撤出他们在当地拥有的部分利益，但一直到 2003 年仍没有印尼购买者筹集到足够的资金购买该矿。在 2003 年中期，公司宣告把他们拥有的卡拉蒂姆·普瑞姆煤矿以 5 亿美元的价格卖给布米资源公司，包括其承担的债务。

1. 项目开发

1978 年，BP 和力拓成功地在加里曼丹东部投标了一个 7900 km^2 的区域。从 1982 年到 1986 年的勘探情况表明该区域有 112 Mt 可供出口品质的热能煤。该矿建设从 1989 年开始，并且在 1991 年以 7 Mt/a 的产量投入生产，共花费 5.7 亿美元。随后该矿扩大产能，

2005 年销售目标为 20 Mt/a。布米资源公司计划未来扩能到 30 Mt/a。

2. 地质和煤炭质量

与火成岩侵入有关的压力和高温使卡拉蒂姆·普瑞姆煤炭变质为高挥发烟煤。总共 13 个煤层的厚度变化范围从 1 m 到 15 m，最典型的范围是在 2.4 m 到 6.5 m。煤层露头处倾角变化为 3°~20°，某些区域含硫量为 4%~8%，现场含水率低。

Prima 煤是一种高挥发性带有高热值、低灰分、低硫和低全水分煤。Pinang 煤和 Prima 煤很相似，但含水量较高，两者质量参数见表 1-2。

表 1-2 质量参数

产品	Prima 煤	Pinang 煤
含水量（总量）/%	9.5	14
灰分/%	4	6
挥发分/%	39	39
固定碳/%	52	46
含硫量/%	0.5	0.5
热值（adb）/（MJ·kg^{-1}）	30.1	27.6
热值（gar）/（MJ·kg^{-1}）	28.5	26.0

卡拉蒂姆·普瑞姆煤矿把各个采场的煤混合在一起，以保证煤炭的质量。

3. 开采工艺

卡拉蒂姆·普瑞姆煤矿无论何时都有 6 到 12 个私人的露天采场同时生产，平均剥采比为 7.5 m^3/t。剥离物暴露到大气中后快速降解，通常使挖掘变得容易。

某些剥离物岩石要求爆破来达到适合的破碎情况以适应电铲要求。卡拉蒂姆·普瑞姆煤矿在大多数的采坑自行作业，但也外包一部分的计划煤量。

该煤矿的装卸队包括 20 多个大型液压挖掘机和斗容达到 34 m^3 的反铲，还包括日立的 9 台 EX3500 机械铲、6 台 EX1800s 机械铲，利勃海尔的 6 台 R996 电铲或反铲。

剥离物运输的车队由 137 辆卡车组成，包括载重 135~185 t 的卡特 785s 和 789Bs，载重 85 t 的卡特 777s 和载重 85 t 的小松 HD785s。卡车调度使用以 GPS 为基础的 Mincom 调度和管理系统。

4. 煤炭加工

由于选择性开采，超过 90% 的毛煤只需破碎和混合就能达到出口品质要求。煤层顶板和底板含有许多矸石，因此需要洗选，把这种“混杂的 Prima 煤”、Pinang 煤，与“清洁的 Prima 煤”区分开，进行单独处理，以用作不同的原料。

通过在德拉赫辊式破碎机粉碎至 50 mm 以下后，水洗厂使用高密度介质旋流器来进料，选出 0.5 mm 以下的物料，产品在运往普瑞玛储煤场前被离心机脱水，通过地面运输至港口。

矿址包含 Prima 煤和 Pinang 煤单独储存的储煤场，分别为 60000 t 和 35000 t。煤炭的运输和回收是通过设置在丹戎巴拉的长 13 km、运输能力为 2100 t/h 的地面带式输送机运输至卡拉蒂姆·普瑞姆专属港口。煤炭的运输尽可能使用船只。

5. 生产

自从1992年开始生产，卡拉蒂姆·普瑞姆煤矿逐年增加产量，从第一年的7.3 Mt/a增加到2002年、2003年的17 Mt/a。

该矿2005年产量27.6 Mt，2006年产量36 Mt，并且剥离物达到700 Mt。

1.2.4 波兰贝尔哈托夫（Belehatow）露天煤矿

1. 概况

贝尔哈托夫露天煤矿为波兰最大的褐煤露天煤矿，可采储量为1100 Mt。1975年开始建设，1985年煤产量为18.1 Mt，剥离113 Mm^3，1988年煤产量达38.5 Mt。主煤层平均厚度为54 m，平均发热量为8.8 MJ/kg。另有2~3个次要煤层，厚度为1~8 m，发热量为7.1~8.8 MJ/kg。在上述诸煤层中，存在平均发热量为5 MJ/kg的低热值褐煤，其量占矿区褐煤储量的11%。覆盖层平均厚度为100 m。

2. 开采工艺

剥离和采煤均采用轮斗—带式输送机—排土机连续开采工艺系统。剥离作业采用能力为6600 m^3/h的轮斗铲，采煤为2200~3400 m^3/h的轮斗铲，排土用ARB12500型排土机。剥离物和褐煤均从北部端帮运到分流站。由此，剥离物直接送至外排土场，褐煤经储煤场或直接送至电厂。

从贝尔哈托夫露天煤矿矿床赋存条件看，一是大多数褐煤台阶上包含夹层和废石，其量占开采量的15%~50%；二是褐煤发热量变化大，而电厂要求供煤最低热值为6.7 MJ/kg。在上述条件下，选采与配矿就成为合理利用低热值褐煤与提高矿山经济效益的重要问题。

针对上述要求，贝尔哈托夫露天煤矿采取了以下措施：

（1）为进行薄煤层与夹层以及不同煤层的分采，褐煤开采使用较小的SRs2000型轮斗挖掘机（剥离则为SRs4000型和SRs4600型轮斗铲），同时采用较小的斗轮并减小勺斗容积，从而可分采厚度为1.5 m及以下的煤层，此时轮斗挖掘机的效率仅下降25%。

（2）采用机动性高的集中分流系统，有利于质量中和。

（3）在构筑矿床模型基础上优化轮斗挖掘机的开采程序，与其后的取样及作业过程计算机控制相结合，可以随时了解采出褐煤的热值并指导质量中和工作的进行。

（4）匀矿场是煤质控制过程中最为重要的组成部分。贝尔哈托夫露天煤矿建设了容量为500 kt的匀矿场，设置两台堆取料机，以实现分贮及其后的质量中和作业。表1-3的资料进一步说明了设置匀矿场的重要性。贝尔哈托夫露天煤矿采取上述措施，既改善了煤质，也使低热值褐煤得到更合理利用。

表1-3 各年度煤炭质量中和所占比重 %

年 度	供电厂褐煤		年 度	供电厂褐煤	
	经过质量中和	直供电厂		经过质量中和	直供电厂
1981	0	100	1984	24	76
1982	2	98	1985	50.7	49.3
1983	12	88	1986	58.3	41.7

1.2.5 美国北羚羊/罗切斯特（North Antelope/Rochelle）煤矿

北羚羊/罗切斯特煤矿是美国最大的煤矿之一，生产特低硫优质煤炭，2009 年共销售合规煤 98.3 Mt，自煤矿运行已开采总计 1.3 Gt，剩下的煤炭储量分布埋藏近 28000 英亩（1 英亩 =4046.86 m^2），可回收 859 Mt。煤矿位于怀俄明州，吉莱特东南 105 km。主采煤层是 Wyodak – Anderson 煤层，煤厚变化从 60 ~ 80 英尺（1 英尺 = 0.3048 m），位于地表以下 100 ~ 400 英尺。根据 EIA（国际能源年鉴）数据显示，2008 年产量为 97.5 Mt，2010 年煤炭采出约 105.2 Mt，相比 2009 年增加约 7 Mt。

北羚羊煤矿在 1983 年后期开始运行，罗切斯特煤矿开始于 1985 年后期。两煤矿于 1999 年合并，成为美国最大的煤矿。煤矿目前拥有约 1300 名员工，并且每年注入区域经济约 12800 万美元用作工资和福利。合并后的煤矿剥离采用 3 个拉斗铲和 5 个卡车—电铲队，采用两班制，每班 12 h，年工作时间 365 d。

煤从 3 个采场采出，由卡车运往 4 个破碎站中的一个，混合后通过煤仓运出。发热量大约在 8800 Btu/lb（1 Btu/lb = 2.32613 kJ/kg），含硫量只有 0.2%，北羚羊/罗切斯特煤矿的煤成为美国最清洁型煤炭。

两个同心环轨道将 Burlington Northern Santa Fe 和联合太平洋铁路连接起来。在两个轨道上各有一台装载设备以 10000 t/h 的速度进行装载，每列火车具有 150 辆卡车的运输能力。目前，混合后的煤提供给美国各地的 80 多个发电厂。

北羚羊/罗切斯特煤矿 2004—2009 年获得的奖励证明了工业领先的安全和复垦实践已经被公认。煤矿获得的奖励包括：

2009 年，工业复垦和野生动物管理奖，这是怀俄明州渔猎部为 25 年来恢复动物栖息地最好的恢复实践。

2006—2007 年，怀俄明州安全奖——州最安全煤矿。

2004、2005、2006 年，国家矿山巡查员和怀俄明矿山协会的“Safe Sam”奖。

2005 年，美国露天煤矿办公室的金好邻居奖。

2005 年，怀俄明协会的金好邻居奖。

2004 年，美国劳动部的安全哨兵奖。

北羚羊/罗切斯特煤矿由皮博迪能源公司经营。皮博迪能源公司是全球最大的私营煤炭公司，在清洁煤解决方案方面是全球领导者。2009 年销售 244 Mt 煤炭，收入 60 亿美元。皮博迪供给美国 10% 的电力燃料和 2% 的世界范围的电力燃料，它的煤炭出口到 15 个国家和 350 多个电力和工业工厂。

1.2.6 美国黑雷（Black Thunder）露天煤矿

1. 概况

黑雷煤矿位于怀俄明州的保德河盆地南方，于 1977 年开始运行。多年来在规模上仅次于皮博迪公司的北羚羊/罗切斯特煤矿，排名全美第二。2004 年，阿齐公司收购了邻近的特里通煤炭有限公司的北罗切斯特煤矿，与黑雷煤矿合并。

合并后的黑雷煤矿年产煤约 91 Mt，约相当于全美煤炭年产量的 10%。2004 年，通过 27 年的经营，黑雷煤矿成为美国第一个煤产量迄今累计 1000 Mt 的公司。

黑雷煤矿于 1976 年开始施工，安装了粉碎、输送、采样和高速列车装载系统。全矿生产由计算机控制，包括精密装车系统和1989年安装的高科技近坑破碎及输送系统。

2. 地质储量

黑雷煤矿可采煤层为Wyodak煤层，在古新统时期形成，该煤层分布在怀俄明州、蒙大拿州和达科他州的广大地区，在黑雷矿的煤层属缓倾斜煤层，煤厚22 m，局部被18 m厚的夹矸分成Anderson和Canyon煤层。2004年，特里通出价61100万美元成功获得邻近的小雷储量的开采权，这包含650 Mt的可回收的煤炭，储量超过1233 Mt。

3. 煤质

该矿生产的低硫次烟煤作为电厂燃料，在使用前只需要进行破碎。黑雷煤矿产的煤热值为20.3 MJ/kg，灰分在5%左右，水分为25%～30%。在保德河盆地的一些地区煤水分含量会增加煤的自燃反应，如果处理不妥善，会产生严重问题。

4. 采矿及运输

黑雷煤矿在其扩大的开采范围内使用5台大型的拉斗铲对数个露天煤矿坑进行剥离。这些拉斗铲包括：Ursa Major（3台中最大的）；比塞洛斯（BE）2570WS，重约6700 t；第三大拉斗铲是在现场组装的，成本超过5000万美元，安装花费3年，它的110 m长的斗臂上带有122 m^3 铲斗。

2006年，为响应日益增长的市场需求，阿齐公司计划通过使用约5000万美元的成本，恢复Coal Creek生产，包括重新装配由该公司在美国西部的其他矿运来的一台拉斗铲。

表土剥离后，作为复垦土壤被保存起来，还有大约15～75 m的土岩层需剥离。黑雷煤矿的剥离在很大程度上依赖于抛掷爆破，将20%～30%的剥离物直接抛掷到内排土场，其他工作由挖掘机处理。煤炭在采装前也需要爆破。

采装队由5台P&H公司2800电铲和1台Marion351－M组成。煤炭由利勃海尔的T－262（218 t）和小松930E（290 t）卡车运输。该煤矿已经有了利勃海尔的T－282（360 t）和T－272（290 t）货车车队。

煤炭被运到附近的一个破碎站，通过地面一条3.5 km长的带式输送机运输到储煤筒仓和装车仓。

黑雷的两个12700 t筒仓和82000 t存储槽系统为能力分别为4100 t/h、10800 t/h的双铁路装载，并且Burlington Northern和联合太平洋铁路系统也为其服务。

1.2.7 其他国外露天煤矿

1. 澳大利亚昆士兰州波顿（Burton）煤矿

波顿煤矿位于昆士兰州的鲍文盆地，沿海小镇麦基镇的西南150 km。1996年11月开始生产，属露天开采。基础储量为164 Mt（包括附近的储量地区），波顿煤矿生产能力在4.5 Mt/a左右，产量的80%是高品质的炼焦用煤，用于出口，其他主要是动力煤，目前年产能力增加超过了3 Mt。

1996年1月，赛斯获得企业股权的5%。2004年德国的RAG公司把波顿的股权卖给了总部在美国的皮博迪公司，一起卖出的还有位于昆士兰州的北古涅拉井工矿，以及美国科罗拉多州的廿英里矿，共计42100万美元。煤矿经营商赛斯公司雇用了255名全职职员和215名合同工。

1）地质和储量

波顿的资源赋存在鲍文盆地二叠纪煤系，主要的莱卡特和佛蒙特煤层大部分合并在一起形成了11 m厚的波顿煤层，而在其上部伯顿里德煤层延伸进了中心部分，煤层向东倾斜8°~32°。

可开采的原煤储量：深度达80 m时为54.6 Mt，深度达100 m时为65.8 Mt。矿石包括露天开采和地下开采的资源。波顿煤层可供露天开采的煤炭资源沿走向长16 km，可充分保证矿山开采12 a，以及同样保证地下开采的资源。公司也控制着邻近的未被开发的普罗姆特里和科隆资源。

2）煤炭质量

波顿生产的是高品质的炼焦用煤，其含硫量为澳大利亚任何硬炼焦煤中最低的，灰分含量也是最低的。波顿热能煤属于低硫、低氮并容易被破碎的高热量产品。

3）开采方法

1998年，波顿采场加深30 m，达到110 m的采深。增加额外的基础设施来满足采场的扩能，包括一个附加的400 t/h的煤炭加工厂，在马拉瓦的储存及卡车装车系统、住宿设施和矿址设施的扩建。

现在煤矿遍及4个采场，从波顿的北部到沃朗巴的南部，覆盖距离大约28 km。波顿采场、埃伦斯场和沃朗巴采场分别到煤顶板的深度为100 m、120 m、90 m。

采矿作业是不连续的，埃伦斯场和沃朗巴采场刚刚超过2 km长，并且相距15 km。2004年，普拉姆特里划归露天开采。

赛斯提供了波顿露天煤矿的所有采矿服务。

4）出口

清洁的煤炭选煤厂的产品箱装进载重180 t的公路列车，并沿着一条特殊建造的运料路运往昆士兰铁路的马拉瓦段，这个系统能够运输8000 t/d。选煤厂装载箱的自动装载系统允许车辆操作员远距离操作装载门。

在马拉瓦，煤炭从邻近分级储煤场的卡车侧向卸下。一台配备清理煤炭刮刀的卡特D11N推土机被用来把卸下的煤炭推到储煤场。回收完以后，煤炭经载重7500 t的铁路运输170 km到达达尔林普尔湾。达尔林普尔湾目前的额定能力是33 Mt/a，而且还在扩大。

煤炭大部分被销往亚洲、欧洲和南美洲的钢铁生产企业。

2. 澳大利亚昆士兰道森联合（Dawson Complex）公司

道森联合公司位于昆士兰州格拉德斯通港口西南方向185 km，该地区有一些早期的煤矿生产商，包括莫拉煤矿。自1961年以来就有人在此开采煤炭，使这个行业成为昆士兰最古老的行业之一。最初由必和必拓和三井煤矿私人有限公司经营，1999年年中时，皮博迪购买了必和必拓55%的股份。

新投资的项目有3个独立矿区共同使用基础设施，即道森北部、道森中部和道森南部。该项目采用露天和地下开采，以及高帮开采。

莫拉煤矿目前大约有470名员工，生产能力为4.5 Mt/a的软炼焦煤和2.5 Mt/a的动力煤。随着煤矿的扩能将增聘200名工作人员。

1）地质和储量

莫拉煤矿的煤位于博文盆地东南处的巴拉巴煤系。该矿开采 5 个主要煤层，厚度平均 3.5～4.0 m，倾角 5°～12°，主要是二叠纪时代的储煤。

截至 2005 年底，道森联合公司勘探显示大约有 565 Mt 的储量，其中 490 Mt 仅可由地下开采。

2）开采方法

爆破后，主要由 4 台挖掘机进行露天煤矿剥离。初期的装煤设备是由 6 台卡特 992C 轮式装载机组成的车队，铲斗容量是 20 t，与这些装载机配备工作的是 7 台 135 t 的底卸式卡特 776 和 1 台 160 t 的卡特 776C。

3）高帮开采

莫拉矿的高边坡采矿系统在 1997 年年中形成。由于 80% 以上煤层的倾角超过 60°，常规边坡采矿设备不能达到令人满意的效果。

远程控制的 Joy 12CM12B 连续采煤机取代了初期采用的 Addcar 高帮开采系统。

4）选煤和运输

从露天煤矿高帮开采作业和采场中采出的原煤，经过地面带式输送机运送 16 km 至选煤厂。选煤厂有 3 台能力为 2000 t/h 的旋转式破碎机处理运来的煤，该系统是一个多线路（重介质、螺旋和浮选）的选煤设备，能将煤最后分为粗、中、细煤产品。

选出的精煤经过火车运送到格莱斯顿，并通过巴尼运点（由必和必拓三井煤矿拥有）和 RG Tanna 的煤炭码头出口。

5）煤炭产量和资源

道森正不停地扩张，为海运市场增加 12.7 Mt/a 的畅销煤来满足日益增长的高质量的冶金和动力煤的需求。煤层开采的走向长度将从现有的煤矿铁道线路以南 10 km 一直向南延伸 60 km。

道森北已查明有一个 34 Mt 煤炭资源，另外还可能有 20 Mt 的资源没有探明，可以生产销售优质炼焦煤 2.1 Mt/a。道森中部，其中包括现有的采区，包含确定的 158 Mt 资源，另外还有 95 Mt 的发展潜力，可以产生 5 Mt/a 实用冶金煤和 2.7 Mt/a 实用动力煤。

道森南的地质储量为探明的煤炭 89 Mt，可能存在的资源 10 Mt，可生产实用高能动力煤 2.9 Mt/a。

6）煤炭质量

莫拉 K 煤焦化煤质量参数：全水分为 10.5%；挥发分为 32%；灰分为 8.3%；硫分为 0.42%；自由膨胀指数为 6。莫拉动力煤的质量参数：全水分为 10.5%；挥发分为 30.5%；灰分为 10%；硫分为 0.5%；热值为 30.35 MJ/kg。

3. 澳大利亚新南威尔士州塔拉戈那（Tarrawonga）煤矿

塔拉戈那露天煤矿位于澳大利亚新南威尔士州冈尼达盆地东北部的 Boggabri。2006 年开始运营，塔拉戈那煤炭有限公司怀特黑文煤炭（70%）和日本出光（30%）合资组建。2007 年 3 月 13 日，日本出光将塔拉戈那露天煤矿的合资部分股权转让给了 Boggabri 煤炭有限公司。

通过露天开采方式，塔拉戈那煤矿在未来 8～10 年预计年产 1.5 Mt 的低灰、低硫动力煤。

1）地质储量

塔拉戈那煤矿为冈尼达盆地新南威尔士煤田的一部分，冈尼达盆地占地面积在 15000 km^2 以上，但岩层年代却包含二叠纪和三叠纪，该盆地为侏罗纪—白垩纪不整合岩层的一部分。

塔拉戈那的资源区被地下由西向西北抬升的火山岩分开，煤炭赋存在北部和南部地区。北部地区采用单斗挖掘机—卡车间断工艺的露天开采，延伸至 Nagero 煤层。南部区域目前采用地下开采方式。

钻孔资料显示，南部地区的资源基本上无断层。在北部资源地区有一条南北向的断层，断距为 10～15 m。该地区有因褶皱而引起的密集断层区，该区域范围在 50～100 m。

在邻近运营的塔拉戈那露天煤矿下方有 86.2 Mt 储量的几个煤层适合地下开采。其中一个是经过广泛勘探过属于低灰、低硫、炼焦煤的煤层，怀特黑文公司对这个地区煤层进行地下开采，与塔拉戈那露天煤矿共同使用地面基础设施，该矿怀特黑文公司占 100% 股权。

2）储量

可采储量 8.9 Mt，探明储量 8.3 Mt，设计储量 11 Mt，预测储量 24 Mt，当前具有经济价值储量为 9.9 Mt。

3）采矿

塔拉戈那露天煤矿主要开采 4 个煤层，煤层的总厚度可达 8 m。2006 年 6 月开始进行剥离，2006 年 9 月开始开采煤炭。

煤炭开采采用单斗挖掘机—卡车的开采方式，每年生产 1.5 Mt 以上的煤用于出口。煤炭经卡车运输 40 km 至冈尼达的煤炭运输和复垦公司进行选择性选煤并装载，通过铁路运输至纽卡斯尔。

4）生产

在 2007 年，塔拉戈那露天煤矿生产了 5 Mt 的半软质喷吹煤和动力煤，从 2008 年至 2014 年煤炭产量提高至 14 Mt/a。塔拉戈那矿产品为低灰分（高热量）、低硫煤，作为喷吹煤销售。开采使用单斗挖掘机—卡车工艺，年产高达 1.5 Mt/a 用于出口。

2 露天煤矿发展现状与趋势

2.1 露天煤矿发展现状分析

我国露天煤田的分布具有明显的区域性，多集中在中西部地区，以山西、内蒙古、新疆、云南等地为主。

我国已经或将要开发的适宜露天开采的大型、特大型煤田煤层赋存具有以下特点：绝大多数为缓倾斜、近水平复合煤层，煤层厚度适宜，煤层较多，主采煤层只占可采煤层总数的1/6～1/2，而且煤层结构复杂；覆盖层厚度较大，而且剥离物岩性多在中硬度以下；煤田面积广大，储量丰富，有足够空间安排必要的工作线长度，有利于高度集中化开采，可兴建一批千万吨级的特大型露天矿。我国部分露天开采煤田赋存条件见表2－1。

表2－1 我国部分露天开采煤田赋存条件统计表

矿　区	平均煤层厚度/m	主采煤层数/层	煤层倾角/(°)	煤层结构	覆盖层厚度/m	剥离物岩性	平均剥采比/($m^3 \cdot t^{-1}$)
平朔	30	3	＜10	较简单	100～200	f=4～6	5.59
准格尔	33.65	3	5～10	简单	0～110	f=3.4～6	5.59
神府	17.73	3	5～10	简单	23～60	中硬	6.16
东胜	10.4～27	2	1～2	简单	＜70	中硬	2～5
胜利	34.23	5	3～4	较简单	0～200	中硬	2.5～2.6
河保偏	34.7	1～6	5～10	简单	100～170	中硬	4～6
伊敏	42	2～3	3～6	简单	5～20	f=1～2	3.13
霍林河	10～30	4	5～15	复杂	—	f=4～5	4～5
元宝山	76.7	2	3～8	较简单	—	软—中硬	3.96
宝日希勒	44.82	5	5～10	较简单	20～100	中硬	3.87
昭通	18～55	3	3～10	简单	—	软	1.6
小龙潭	70	—	8～20	简单	—	软	0.84
乌鲁木齐	—	2	45	复杂	—	—	—

20世纪50—60年代我国兴建了海州、抚顺、新丘等第一批露天煤矿，这一阶段的开采工艺以单斗—铁道工艺为主，露天矿生产规模较小；60年代我国建设了哈密、岭北、扎赉诺尔、平庄、义马等露天煤矿，由于盲目开工等原因造成这些露天煤矿没有得到良好发展，而且严重影响了我国露天煤炭行业的发展，露天煤矿开采技术一直延续使用苏联的

技术；20 世纪 80 年代改革开放以后，安太堡、黑岱沟、霍林河、伊敏河、元宝山五大露天煤矿先后建成移交生产，这个过程中与国外设计咨询公司、设备制造企业广泛合作与技术交流，促使单斗—卡车工艺逐渐取代单斗—铁道工艺，开采设备规格不断提高，矿山产量规模不断扩大，同时还发展了连续开采工艺与半连续开采工艺，使我国形成了比较完善的露天煤矿规划、设计、建设和生产经营体系。进入 21 世纪后我国露天煤炭行业进入了新的发展阶段，引进了更大型的采矿装备，以及更先进的工艺与技术，产量大幅增加。在安全高效生产的同时，还注重环境保护、资源的综合利用，发展科学采矿。目前，我国在建生产能力为 10 Mt/a 以上的露天煤矿 20 余座，总能力在“十三五”期间将达到全国煤炭产量的 15% 左右。

我国近年建设和有发展前景的露天煤矿煤层多为近水平埋藏，多采用分区开采、卡车端帮环线开拓运输系统、压帮内排，目前我国部分主要露天煤矿的地质储量、开采工艺、生产规模见表 2 – 2。

表 2 – 2　我国部分主要露天煤矿简介

序号	露天煤矿名称	储量/Gt	剥离开采工艺/采煤开采工艺	达到/核准生产能力/ $(Mt \cdot a^{-1})$
1	安太堡	1.044	剥离：单斗挖掘机—卡车开采工艺 采煤：单斗挖掘机—卡车—半固定破碎站—带式输送机半连续开采工艺	30
2	安家岭	0.626	剥离：单斗挖掘机—卡车开采工艺 采煤：单斗挖掘机—卡车—半固定破碎站—带式输送机半连续开采工艺	30
3	黑岱沟	1.413	剥离：单斗挖掘机—卡车开采工艺、拉斗铲倒堆开采工艺 采煤：单斗挖掘机—卡车—半固定破碎站—带式输送机半连续开采工艺	34
4	哈尔乌素	1.672	剥离：单斗挖掘机—卡车开采工艺 采煤：单斗挖掘机—卡车—半固定破碎站—带式输送机半连续工艺	35
5	霍林河南露天	0.948	剥离：单斗挖掘机—卡车开采工艺、单斗挖掘机—卡车—半固定破碎站—带式输送机—排土机 采煤：单斗挖掘机—卡车—半固定破碎站—带式输送机半连续开采工艺	18
6	伊敏河一号露天	0.988	剥离：单斗挖掘机—卡车开采工艺 采煤：单斗挖掘机—自移式破碎机—带式输送机半连续开采工艺	22
7	胜利东二号	3.970	剥离：单斗挖掘机—卡车开采工艺 采煤：单斗挖掘机—卡车—半固定破碎站—带式输送机半连续开采工艺	10

表2-2（续）

序号	露天煤矿名称	储量/Gt	剥离开采工艺/采煤开采工艺	达到/核准生产能力/（Mt·a⁻¹）
8	白音华二号	0.710	剥离：单斗挖掘机—卡车开采工艺 采煤：单斗挖掘机—卡车—半固定破碎站—带式输送机半连续开采工艺	5
9	白音华三号	0.870	剥离：单斗挖掘机—卡车开采工艺、单斗—自移式破碎机—带式输送机—排土机半连续工艺 采煤：单斗挖掘机—卡车—半固定破碎站—带式输送机半连续开采工艺	14
10	新疆准东	1.447	剥离：单斗挖掘机—卡车开采工艺 采煤：单斗挖掘机—卡车—半固定破碎站—井巷输煤半连续开采工艺	10

经过几十年的发展，我国露天煤炭行业取得了长足的进步。现代开采新技术新工艺的引入，使露天开采成本大幅度下降，劳动生产率大幅度提高，获得的经济效益十分显著。同时，我国露天煤矿产量占全国煤矿总产量的比重逐渐增大，由2003年的4.65%左右提高到2013年的14.13%，如图2-1所示。

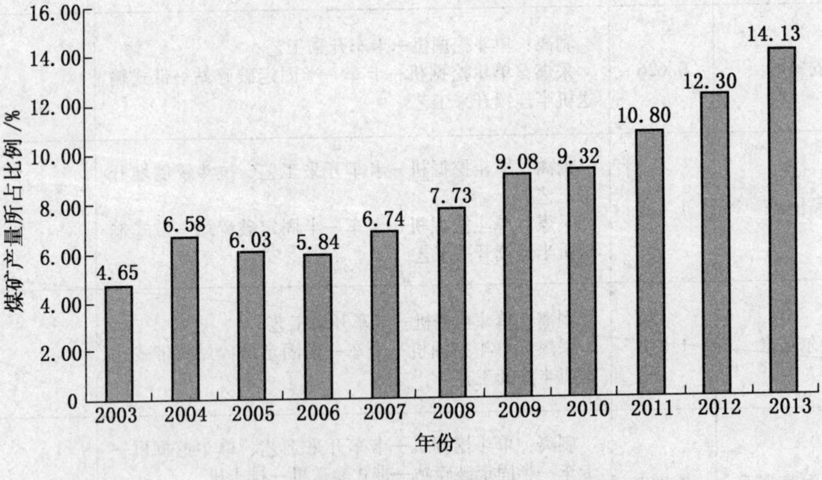

图2-1　2003—2013年我国露天煤矿产量占全国煤矿总产量的比例

在发展的过程中也暴露出一些主要问题，主要体现在以下几个方面。

1. 地质资源条件的劣势

我国露天煤田的分布具有明显的区域性，多集中在中西部地区，这些地区多属于煤炭输出区，自身对煤炭的消费量不大，且离煤炭消费中心较远，向外运输条件较差，使得大规模露天开采受到制约，而且这些地区多为生态环境脆弱区，大规模露天开采对环境的破

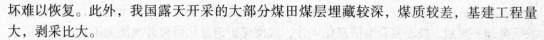

坏难以恢复。此外，我国露天开采的大部分煤田煤层埋藏较深，煤质较差，基建工程量大，剥采比大。

2. 露天煤炭行业的相关制度比较落后

目前我国露天煤炭行业的相关制度比较落后，对露天开采煤炭资源、新技术发展及其经济效益等缺乏全局性研究、评估与规划。露天煤矿的开发评价体系不健全，规划不长远，造成煤田开发顺序、开采境界、开采工艺、开采规模、开采参数的选择没有一个系统完善的指标体系，不利于露天煤矿的初期规划。

3. 产业集中度低、集约化经营程度不高

尽管近年来我国煤炭行业正在进行结构性调整，煤炭企业重组、并购活动增多，落后企业被强制淘汰，竞争个体减少，优势企业迅速壮大，但产业集中度仍然较低，属于典型分散竞争型市场结构，产业内缺乏市场占有率高、国际竞争力强的大型煤炭企业。

4. 露天煤炭开采新技术研发投入不足

长期以来，我国的露天煤炭开采设计缺乏创新，一些煤炭开采技术问题始终难以解决。如目前我国露天煤矿端帮边坡设计多采用静态分析，造成端帮边坡角偏小、端帮压煤、运输成本高等问题。另外，除了传统的技术开发研究，未来的露天煤炭开采技术——数字化技术、自动化技术、无人化技术研究投入不够。我国尚无对煤炭开采作业的自动化和机器人化的深入研究。

5. 人才培养和培训力度不足

目前，我国露天采煤方向高等教育力量薄弱，研究生教育力量的薄弱尤为突出；另外，国家对露天采矿方向的投入较少和煤炭有关政策的偏向性，严重影响露天采矿的科研和创新；同时，我国煤矿人员整体培训力度低，培养方法也相对落后，对人才的重视程度不高，一系列因素导致我国露天采煤行业人才缺乏。

6. 设备制造水平相对落后

目前，我国露天采矿的大型设备大部分是来自国外的公司。国外公司设备和配件昂贵，配件多而复杂，维修费用高。而我国露天采矿机械设备制造水平相对落后，自动化程度低，大型成套装备国产化程度低、进程较慢，拉斗铲、自移式破碎机等设备的生产在国内还是空白。

7. 环境治理困难

我国露天采煤行业迅猛发展的同时也带来了一系列的矿山环境和生态破坏问题，已严重影响地区的生态环境质量和经济持续发展。我国的露天煤矿多处于生态环境脆弱区，大规模露天开采对环境的破坏难以恢复，治理较为困难。

8. 露天矿企业管理相对落后

我国露天煤矿普遍存在重技术、轻管理现象，仍未从根本上重视管理问题，在管理机构设置、组织功能实现和发展激励等方面均存在较多问题，离真正形成具有自身企业特色的管理文化和管理理念，还有很长距离，也日渐成为制约我国露天煤矿发展的瓶颈。

9. 矿山信息化、数字化、自动化水平不高

我国露天煤矿的信息化建设还处在起步阶段。近几年，各大露天煤矿都加大了信息化建设的力度，但是还存在较大的问题。由于煤矿企业的领导者和基层人员对信息化的观念

和意识仍未从根本上转变，同时由于煤矿信息化投入不足和投入结构不合理，煤矿信息化缺乏合理的规划，缺乏复合型信息化人才，致使煤矿信息化研究开发能力不足，煤矿信息化技术水平不高。

2.2 露天煤炭行业发展趋势

2.2.1 国外露天煤矿的发展趋势

采矿工业是全球经济发展的支柱，美国、澳大利亚、俄罗斯等世界产煤大国都把露天开采作为煤炭行业发展的重点。近年来国外的露天开采技术及设备发展迅猛，新工艺、新产品、新技术不断涌现和完善。国外露天采煤行业的主要发展趋势如下。

1. 高度集中化开采与集约化经营

高度集中化开采与集约化经营是世界煤炭产业发展的一个重要经验，而露天开采由于机械化程度高、设备日趋大型化等原因，其集中化开采与集约化经营程度更高。

坚持对优势煤炭资源实行集中化开采，发挥大规模生产的优势，提高煤炭开采的经济效益，实行大集团经营战略，实现高度集约化经营。由大型企业集团占有煤炭生产、销售份额，是煤炭集约化开发的一个重要趋势。

2. 实行煤电联营

大型电力集团与大型煤炭企业重组，控股、入股煤炭企业，以电力为主业，围绕煤—电、煤—化工等产业链建设多领域、跨地区、跨行业、多元化发展的高科技、高增长、高效益的大型能源企业。实现煤电联营后，建立坑口电厂，保障电厂用煤，缩短煤炭运距，大大降低成本，提高生产效率。如波兰各褐煤矿区均在露天煤矿附近建设坑口电厂，在褐煤发热量仅为8373.6kJ/kg左右的条件下煤矿企业仍有盈利。又如澳大利亚莱楚比河省褐煤矿区实行煤电联营，维多利亚州电力的80%由该联营企业供应，解决了褐煤售价低所造成的亏损问题。

3. 重视矿区开发前的全面规划及综合研究工作

为保证矿区的稳定健康发展，国外在新矿区开发前，对矿区的系统结构、矿区建设规模与建设的顺序、矿区开发过程中以及开发后的环境保护、治理与恢复都制定严格的开发规划，有针对性地提出科研课题和新设备的研制计划，如俄罗斯埃基巴斯图兹露天矿区发展顺利的重要原因是开发前进行了十余年大量研究工作。

4. 分期建设，分区开采

受限于产量规模、开采强度、设备规格及经济性等因素，近水平、缓倾斜矿床一般都采用分区开采，倾斜矿床一般都采用分期开采，分期建设整个矿区。

5. 简化生产环节，生产工艺连续化、多样化、综合化

露天开采基本生产环节有采装、运输和排土。条件适宜时可采用某种开采设备，实现两个甚至三个生产环节的合并，以简化生产环节，大幅度降低开采成本。如采用拉斗铲进行倒堆剥离，可以实现采装、运输和排土三个生产环节的合并。

剥采工艺的选择重在因地制宜。世界主要采煤国家均根据各自的地质资源条件与技术水平选择了具有自身特色的开采工艺，如德国为适应覆盖层松软、气候温和的条件，主要发展连续及半连续开采工艺；美国对近水平、浅埋藏的煤田多采用倒堆工艺进行剥离，对

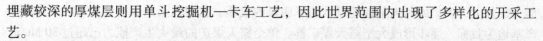

埋藏较深的厚煤层则用单斗挖掘机—卡车工艺，因此世界范围内出现了多样化的开采工艺。

随着露天煤矿的开采高度集中化，露天煤矿的开采范围不断扩大，开采深度日益增加，如仍采用单一开采工艺进行开采，会导致开采成本大幅提高，生产效率急剧降低。因此，大型特大型露天煤矿多根据自身的地质资源条件，在露天煤矿的不同开采深度、不同区域针对不同的开采对象选择不同的开采工艺，充分发挥各开采工艺的优势特点，以综合工艺实现优化开采，获取最大经济效益。

最具代表性的连续工艺是轮斗挖掘机—带式输送机—排土机，采用这种工艺可以实现高效率、低成本，然而这种工艺多用于表土的剥离，应用范围有限。目前，采用半连续开采工艺进行露天矿山剥离和采矿工程，是国际上露天采矿的发展趋势，这种先进的开采工艺可大幅度降低剥采成本，节约燃油消耗。如单斗卡车—破碎站—带式输送机半连续开采工艺，露天采矿机—卡车—地面半固定破碎站半连续开采工艺在国外露天煤矿得到了广泛应用。

6. 发展高度机械化、自动化开采，开采设备大型化、智能化

高度机械化、自动化开采是现代露天矿山建设和发展的目标，是优势资源集中化开采的必然要求，也是大幅提高劳动生产率、降低开采成本、提高经济效益的重要途径。如露天矿钻机的钻头定位、钻进速度、压力和孔深控制，以及电铲、轮式装载机和铲运机的挖掘控制等领域已成功地应用了自动化技术。由于 GPS、无线电通信以及激光技术的实用化，使得露天煤矿的测量和钻孔作业也实现了自动化。

科技的不断进步推动露天采矿设备向着大型化、智能化和人性化方向迅猛发展，同时又积极推进采矿技术的更新进步，提高了矿山的生产力，节约了投资，降低了成本。目前机械式单斗挖掘机的斗容已达 76.5 m^3，与之相匹配的卡车载重量达 363 t；拉斗铲的斗容达 168 m^3；轮斗挖掘机和排土机的设计能力达 240000 m^3/d；自移式破碎机生产能力已达 10000 t/h；液压挖掘机的勺斗容积已达 45 m^3；带式输送机及大倾角输送机的带宽达 3 m，高倾角达 35°。

7. 建立并发展露天采矿设备制造业

几个露天开采设备制造能力强的国家，一般都是基于本国特点和制造能力，发展自已的优势产品，并按世界市场需求扩展设备的规格品种。如美国形成了单斗挖掘机及卡车设备系列，德国形成了连续及半连续工艺设备系列。

8. 矿山的数字化、信息化

信息、定位、通信和自动化技术的迅速发展和应用，深刻地影响和改变着传统的采矿工业。国际上，数字化矿山发展非常迅速，发达国家采矿的矿山信息化改造已迈出坚实的步伐，有的已制定了长远发展规划。加拿大从 20 世纪 90 年代初开始研究遥控采矿技术，目标是实现整个采矿过程的遥控操作，现已研制出样机系统。

2.2.2 国内露天煤矿的发展趋势

1. 集中化开采与集约化经营

2007 年国家提出建设 13 个大型煤炭基地的规划，逐步形成 5～6 个亿吨级生产能力的特大型企业集团和 5～6 个 5000 万吨级生产能力的大型企业，随着国家对产业结构调整

能力的加大，大集团和大基地建设取得了明显的成绩。我国露天采煤行业以亿吨级煤炭生产基地为目标，逐步形成大型露天煤矿群。单个露天煤矿的最大生产能力已超过 30 Mt/a，产能达 60 ~ 80 Mt/a 的露天煤矿企业已经形成。实行煤炭资源的集中化开采，实现高度集约化经营已经成为我国露天煤炭行业的一个发展趋势。

2. 设备大型化向先进化的转变

采用大型开采设备可以明显提高矿山产量和生产效率，但日益大型化的露天采矿设备的选采性能较低，其对岩层结构复杂的矿床，造成其顶底板及夹层矸石混入、矿石的丢弃增多，矿石损失、贫化严重。因此，目前国内露天煤矿已经不再盲目追求大型化的设备，而是在满足开采强度的条件下选择先进可靠、生产效率高的采矿设备。

3. 工艺单一化向综合化的转变

随着我国经济发展对能源的需求日益增加，我国露天煤矿的生产规模不断扩大，同时伴随国际油价的不断上涨，单斗—卡车工艺的生产成本将越来越高，其机动灵活性和适应性强的优势将越发不明显，拉斗铲倒推工艺对赋存条件要求严格，轮斗铲连续工艺投资较高且受矿岩硬度和气候条件的限制。因此,我国露天煤矿开采工艺呈现出由传统的以单斗—卡车工艺为主向以半连续工艺为主的综合工艺方向发展的趋势。

4. 间断工艺向半连续工艺的转变

目前，我国的单斗—卡车工艺多用于露天煤矿前期生产，作为综合开采工艺的组成部分，与带式输送机、破碎机组成半连续工艺，半连续工艺得到了越来越广泛的应用，已经成为露天煤矿剥离和采矿工程的发展趋势。如伊敏河一号露天煤矿引进了自移式破碎机，小龙潭矿务局布沼坝露天煤矿引进了他移式破碎机。

5. 研究开发智能矿山

矿山数字化是国家战略资源安全保障体系的重要组成部分，是评价矿山资源生态环境的重要数据基础。数字矿山建设是资源可持续发展的重要基石，是化解高危行业风险的根本途径。数字矿山是建立在数字化、信息化、虚拟化、智能化、集成化基础上的，由计算机网络管理的管控一体化系统，它综合考虑生产、经营、管理、环境、资源、安全和效益等各种因素，使企业实现整体协调优化，在保障企业可持续发展的前提下，达到提高其整体效益、市场竞争力和适应能力的目的。数字矿山的最终目标是实现矿山的综合自动化。智能矿山的研究与开发，是露天煤矿科技进步的发展方向。

6. 绿色开采与可持续发展

针对高耗高破坏的开采状况，露天煤矿绿色开采技术是未来露天煤炭开采技术的发展趋势，合理充分开发与利用矿产资源，实现矿区可持续发展，已受到普遍关注。如准格尔矿区、平朔矿区、霍林河矿区、伊敏河矿区的排土场和采场复田后已经是绿草成片、绿树成林，沉淀池成为清澈的人工湖，引来群鸟和野生动物栖息。

7. 单一开采方式向复合开采方式的转变

由于受国家政策倾向等因素的影响，部分厚度较大、埋藏较浅的适合露天开采的煤层采用了井工开采的方法开采；现在为了实现安全高效开采，提高煤炭企业的经济效益，一些矿山由井工开采改为露天开采。同时，随着开采深度的不断增大，露天开采的剥采比日益增大，生产成本日益增加。为了降低生产成本，部分露天煤矿选择上部采用露天开采，下部采用井工开采，此外还有部分露天煤矿采用井工开采的方法回收端帮残煤，如安家岭露天煤矿。

8. 充分利用工程承包

通过工程承包，加快建设露天煤矿，是近年我国露天煤矿建设的一项重要经验。随着高回报、低成本的走势，矿山和设备寿命均在缩短，作业次数减少，矿山企业对劳动力的工作经验、专业技能的要求增高，专业承包商应运而生。现在的专业承包商几乎涵盖了所有工作领域，设计及咨询、勘查、矿山开拓、矿物生产、运输、回填复垦、维修等，专业化承包商在矿业中的地位日渐突出。

9. 设备国产化

为满足我国大型露天煤矿的开发需要，适应我国露天煤矿极端气候条件下的生产要求，我国露天开采装备也实现了从无到有、从落后到先进、从小到大、从引进到国产化发展，开采装备正在向大型化、系列化、自动化方向发展，大型露天设备的制造能力有了较大提高。如我国太原重机生产的电铲 WK－75 的斗容量达到了 75 m^3；中外合资的内蒙古北方重型汽车股份有限公司生产的 MT5500 电动轮矿用车载重量达 360 t。

3 现代露天煤矿评价指标

3.1 现代露天煤矿关键特征

3.1.1 世界级先进企业的内涵特征

世界级先进企业必须是公司治理结构、发展理念、内部管理机制符合企业发展方向并能引导和带动企业发展趋势，业务创新能力、产品开发能力、公司盈利能力较强，具有较强的品牌优势和较高知名度等企业核心竞争力，具有较高素质的员工队伍和较先进的人力资源管理机制的企业。

《财富》杂志每年评选的世界500强企业都会成为当年的世界最好公司的集结，其评出的世界500强不论从企业的生产规模、营业收入、影响力、品牌价值等方面都处于世界领先水平。通过对世界500强企业的研究，世界级企业主要有下列4个方面的特点。

1. 营业收入和生产规模处于世界前列

2010年《财富》杂志评出的世界500强企业的第一名是沃尔玛公司，其年营业收入达到了4082.14亿美元，资产为1707.06亿美元。在2010年评出的世界500强企业当中最后一名的大日本印刷公司营业收入也达到了170.53亿美元。2010年中国企业500强的入门门槛为110.8亿元，营业总额为40458亿美元，只相当于世界500强的17.53%。2010年，中国共有54家公司和企业进入世界500强企业，与世界500强企业从营业收入和生产规模上相比，中国大部分公司仍有较大差距。

2. 创新能力强，商业模式独特

作为世界级企业，企业自身的创新能力、商业模式和体制必定有其独到之处。世界500强企业当中，其技术专利、发明专利申请量及研发投入均远远高于未入选的企业。IBM公司在2010年的技术专利申请达到了4914条，其未来五年研发投入规划将达到350亿美元。Dell公司开创的直销模式使其迅速发展，战胜了IBM、惠普等巨头，成为全球PC业领军企业。世界级企业的商业经营模式和体制必有其独到之处，而这些商业模式和体制的产生也推动了这些企业的发展和社会的进步。

3. 生产、销售、服务、研发等环节遍布全球，全球影响力强

作为世界级企业，其生产、销售、服务、研发等环节涉及的范围不应仅仅局限于本国或某一个地区，其产生的影响力应该覆盖全球的大部分区域。世界级企业的全球化既体现了对全球资源的整合，又体现了对全球资源的优化配置。企业不断发展的过程就是对资源重新优化配置的过程。世界级企业的生产过程遍布全球，其在所处专业领域的影响力占有举足轻重的地位。以世界级零售业巨头沃尔玛为例，其完善的供应链体系使其根据成本和需要从全球各个地方进行生产、采购，再通过其先进的物流系统将低廉的产品配往遍布全球的沃尔玛超市，使全球的消费者都能享受到其快速、低廉的产品供应。

4. 员工生产效率高，专业化水平强

经济学家指出，生产力的发展归根结底是工人生产效率的提升。从第一次工业革命到现在，每一次科学技术的发展带来的根本结果都是工人生产效率的提升。世界500强企业以企业主要经营领域进行划分，共分为26类企业，每类企业员工的生产效率都远高于同行业其他企业员工的生产效率。以每位员工创造的经济价值为衡量标准，Google公司在2010年世界500强企业中排名355位，营业收入236.5亿美元，共有员工20222人，平均每位员工创造的经济价值就可达到116.95万美元。

3.1.2 现代露天煤矿的内涵特征

通过对国内外露天煤矿的发展现状、发展趋势的分析，可以发现世界露天煤矿均向高度集中化开采与集约化经营、工艺先进合理、高度机械化与自动化开采、设备先进化与智能化、矿山数字化与信息化、绿色开采的方向发展。所以，现代露天煤矿应是生产集中程度高、工艺装备先进合理、安全高效、资源高效利用、生态环保、经济效益显著、组织管理卓越、企业文化优秀、人才队伍专业、科技与创新能力强、具有核心竞争力与可持续发展能力、在同行业中处于领先地位并具有一定规模。

通过对国内外先进露天煤矿的综合分析，并结合世界级先进企业的内涵特征，确定现代露天煤矿应该具有以下基本特征。

1. 生产规模化

现代露天煤矿的一个重要特征就是生产规模化，通常采用并购、重组等方式实行集中化开采与集约化经营，使露天煤矿呈规模化、大型化发展，大型企业集团占煤炭生产及销售的份额越来越大，矿业集中化开发趋势越来越明显。

2. 工艺装备先进

生产工艺的选择对露天煤矿的前期资金投入、生产管理、生产成本的影响显著，对矿山的发展起着举足轻重的作用。现代露天煤矿的生产工艺应结合矿山自身的地质条件、气候条件、开采规模等因素，选择先进可靠、生产过程简单、适应性强、生产成本低的开采工艺。

露天煤矿大型开采设备向着大型化、先进化、智能化的方向发展，采用先进的开采设备可以明显提高矿山产量与经济效益。现代露天煤矿要根据自身的开采条件选择先进的开采设备，以保证系统可靠性高、安全高效。

3. 安全保障程度高

现代露天煤矿应通过建立健全安全管理组织机构，完善安全生产保障体系，采用先进的安全技术手段和加强员工安全培训措施，防患于未然，提前发现、及早解决，保障露天煤矿安全生产。

4. 生产效率高

生产效率体现了企业总体员工的工作效率和企业自身运营的良好程度，决定着企业的运营情况和发展前景，现代露天煤矿的生产效率应在同行业中处于领先地位。

5. 资源利用程度高

现代露天煤矿应采取先进的开采技术实现资源回收最大化，在开采煤炭的过程中充分回收利用煤炭伴生资源，在做强煤炭主业的同时，充分发挥资源优势，发展电力、机械、化工等相关产业，大力发展循环经济，实现资源的高效利用。

6. 经济效益高

经济效益是衡量企业是否具备现代与先进水平的重要指标，反映企业创新能力、持续改进能力、应变能力和盈利能力，是企业获得足够支撑企业发展的利润、竞争能力和更多生存发展机会的主要途径。现代露天煤矿应通过实行规模经济，依托现有完善的管理制度、较高的工作人员素质及合理的设备配备，同时依靠自主科技创新，不断降低单位成本，提高经济效益。

7. 生态环保

现代露天煤矿要致力于推进绿色发展战略，统筹好企业发展与节约资源、保护环境的关系。在煤炭开采的同时应注重对环境的保护和节能减排。积极利用开采工程改善、美化周边环境，变有害为无害，实现资源开发和环境保护的协调发展。

8. 管理科学

现代露天煤矿要根据自身矿山的实际情况建立与自身的开采工艺和开采设备相适应的现代企业管理制度,从企业的生产经营管理、劳动管理、计划管理、质量管理、设备管理、物资管理、财务成本管理等方面展开，实现矿山企业科学管理、质量管理、创新管理。

9. 企业文化优秀

文化是企业的核心价值观，是得到企业员工普遍认同、能够激励统一行动的理念。现代化的企业文化是企业得以发展和延续的精神力量，是一种以制度为约束的持续性的企业价值体现，是个人发展和企业发展的高度契合，是员工对企业发展和管理模式的高度认可，可激发员工的工作热情和无私奉献精神，最终转化为企业的凝聚力、创造力和竞争力，现代露天煤矿要有时代特征和自身特色的优秀企业文化。

10. 人才队伍专业

人是事业的基础，在企业的可支配资源中，人力资源是最具能动性的，也是最具能量爆发力的，是企业最重要的资产。露天煤矿的发展离不开人的因素，人才是露天煤矿核心竞争力的重要组成部分，现代露天煤矿必须要有专业的人才队伍和人力资源管理战略。

11. 科技创新能力强

科技创新是指企业通过组织领导和培养创新人才等手段，在工艺、设备等核心技术方面实现持续改进。现代露天煤矿要注重科技投入和加强自主创新能力的提升，注重新设备、新工艺、新技术的引进，并能够依据矿山地质资源条件及矿山自身特性进行技术改革和合理应用。

12. 可持续发展能力强

现代露天煤矿应该具有全面、协调、可持续的发展观，通过改革管理体制、经营体制，对人才、技术、设备、资源进行合理配置，积极推进技术创新，不断提高劳动生产率，降低成本，获取最佳的经济效益，保持强劲的可持续发展能力。

3.2 评价指标体系确定的基本原则

1. 科学性原则

随着技术的进步，露天煤矿的各环节采用的技术越来越先进，指标评价体系要建立在科学性的基础上，反映露天煤矿的技术发展趋势，体现露天煤矿技术的先进性。

2. 系统优化原则

露天煤矿是一个由众多环节构成的复杂的大系统，评价指标以系统工程原理为指导，对矿山的实际情况系统分析，要从不同层次不同角度综合考虑，评价体系要能够反映整个露天煤矿系统的效益。

3. 通用可比性原则

露天煤矿赋存条件复杂，外部环境、气候条件千差万别，露天煤矿可供选择的指标很多，但受到主客观因素制约影响，各个指标的可比性并不相同。为利于公平客观评价，选取的指标要具有可比性，在生产工艺、生产规模、资源条件等方面相同或相似，具有对照比较的基础条件。

4. 综合性原则

要综合分析确定评价指标，既要对效率、效益、能耗、环保、管理等各指标进行评价，又要综合考虑。

5. 动态性原则

大型露天煤矿开采周期长，工艺较为复杂、设备多，管理难度较大，合理、准确对其技术、经济指标的掌握和控制是建设现代露天煤矿的重要原则之一。

6. 可靠性原则

评价指标的确定必须要真实客观地反映被评价对象，评价指标要具有中立性，指标的选取要真实可靠。

7. 实用性原则

指标要简化，方法要简便。评价指标所需的数据要易于采集，无论是定性评价指标还是定量评价指标，其信息来源渠道必须可靠，并且容易取得。各项评价指标及其相应的计算方法，各项数据都要标准化、规范化。要严格控制数据的准确性，能够实行评价过程中的质量控制，即对数据的准确性和可靠性加以控制。

3.3　评价指标分析

依据对露天煤矿的综合分析，从中遴选出适合现代露天煤矿评价的评价指标共85项，按照露天煤矿涉及的生产、安全、绿色、经济、发展能力及企业人文建设等方面划分为如图3－1所示的六大项分类指标。

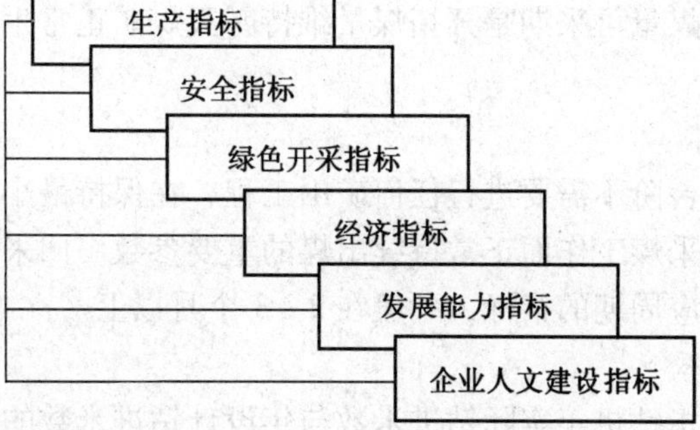

图3－1　评价指标分类

3.3.1 生产指标

露天煤矿的主要任务是从事原煤生产，故生产环节在整个露天矿中占有至关重要的地位。具体的生产指标应能反映露天矿的技术装备及采用工艺水平、开拓开采及剥离的煤岩量、生产效率等方面。

1. 技术装备先进化程度与信息化水平

技术装备先进化程度与信息化水平反映矿山企业对先进设备、技术的使用规模以及企业采用计算机、网络等信息化工具进行矿山管理的规模与水平。

2. 穿孔设备出动率

穿孔设备出动率反映露天矿的维修部在保证穿孔设备的完好率上的完善程度和管理水平，一般表示为出动时间占计划动用时间的比重，该指标显示在维修部对该类设备的调度流水记录上。

3. 采掘设备出动率

采掘设备出动率反映露天矿的维修部在保证采掘设备的完好率上的完善程度和管理水平，一般表示为出动时间占计划动用时间的比重。

4. 运输设备出动率

运输设备出动率反映露天矿的维修部在保证运输设备的完好率上的完善程度和管理水平，一般表示为出动时间占计划动用时间的比重。

5. 穿孔设备实动率

穿孔设备实动率反映露天矿生产作业时，坑内作业场实际使用穿孔设备的效率，一般表示为实际动用时间占计划动用时间的比重。

6. 采掘设备实动率

采掘设备实动率反映露天矿生产作业时，坑内作业场实际使用采掘设备的效率，一般表示为实际动用时间占计划动用时间的比重。

7. 运输设备实动率

运输设备实动率反映露天矿生产作业时，坑内作业场实际使用运输设备的效率，一般表示为实际动用时间占计划动用时间的比重。

8. 开拓煤量可采期

开拓煤量是指露天矿完成运输道路，无须再进行剥离后便可获得的煤量，它是确保露天矿持续正常生产的重要指标，应当保留一定的开拓保有量以实现生产剥采比的均衡，使得生产平稳有序。开拓煤量可采期是开拓煤量维持露天煤矿正常生产的周期时间，一般在4~6个月以上。

9. 回采煤量可采期

回采煤量是指上部台阶不需要进行任何矿山工程，在保持最小工作平盘条件下随时可采出的煤量，它是确保采煤工作面正常持续出煤的重要参数。回采煤量可采期是反映回采煤量能保证正常生产供应周期的指标，一般在2~3个月以上。

10. 钻机能力利用率

钻机能力利用率是指钻机年实际钻进米数与年设计钻进米数的比值。该项指标考察钻机的生产效率，采用与露天矿设计相适应的高效钻机，能减少钻机所需数量，提高露天矿的生产效益。

11. 成孔率

成孔率是指每百个钻孔中有用钻孔的个数。采用超前控制降低底板破碎程度能有效提高成孔率，其对深凹露天采场采掘工程也有重要影响，成孔率的高低是掘沟工程及爆破技术的关键。

12. 采掘设备效率

采掘设备效率描述采掘设备每小时单位斗容内采装物料的体积量。采掘设备效率不仅与设备本身的承载能力有关，还与工人的操作水平、企业的管理、协调调度等因素密切相关，对采掘设备的定期维护、强制性检修能提高设备的效率和寿命。

13. 运输设备效率

运输设备效率是描述运输设备平均每小时单位载重的运输能力的重要指标。露天煤矿生产过程中，采、运、排等环节的配合协调对产量起决定性作用，因此并不是某个单一环节设备的效率提高就是实际最优的，三者应相互适应。

14. 爆破大块率

台阶穿孔爆破后，较高的大块率将会降低施工效率，增加施工成本。不同的施工工艺、爆破参数和工程地质条件成为影响爆破大块率的重要因素，较好的爆破效果把大块率控制在4%以下。

15. 贫化率

贫化率是指开采过程中煤炭内混入废石或低品位的贫矿及块煤被粉碎而引起的煤炭等级下降的程度。提高矿石品位是提高矿山效益的有效途径，为提高矿石质量应减少资源浪费。

16. 生产质量标准化程度

生产质量标准化程度反映露天矿生产过程中各个环节完成质量的优劣程度。内容主要包括：台阶、坡道平整度，露天煤矿帮齐底平，生产计划、作业规程执行情况等。该指标考核矿山的生产行为是否规范，各生产环节是否符合标准。

17. 原煤工效

原煤工效是指露天矿报告期内直接从事原煤生产的生产人员每工日生产的原煤产量。该指标作为评价指标考查原煤生产人员的劳动效率，能够反映露天煤矿先进性水平及从业人员素质。

18. 全员采剥总工效

因为各露天煤矿地质资源条件、矿山管理体制等方式的不同，全员工效不能反映不同露天煤矿人员劳动效率，所以采用全员采剥总工效作为评价露天煤矿全员劳动效率的指标。

3.3.2 安全指标

煤矿安全生产一直是反映露天煤矿生产现状的一项重要指标。露天煤矿边坡稳定、爆破作业、道路运输、供配电等一系列生产作业影响着露天煤矿安全。露天煤矿安全是保障生产作业正常进行的重要基础，应通过提高员工安全培训学时、加大安全生产投入、保证特殊工种持证上岗率等措施降低各类事故的发生率，提高露天煤矿应对突发事故与自然灾害的能力，减少人员伤害和经济损失。

1. 轻伤事故率

轻伤事故率是一种事故伤害频率，是进行轻伤事故统计时的衡量标准。它表示报告期内，每百万工时，事故造成轻伤伤害的人数。用于呈现露天矿生产过程中职工轻伤事故伤害的比率，该指标反映了职工受轻伤的情况。

2. 重伤事故率

重伤事故率是一种事故伤害频率，是进行重伤事故统计时的衡量标准。它表示报告期内，每百万工时，事故造成重伤伤害的人数。用于呈现露天矿生产过程中职工重伤事故伤害的比率，该指标反映了职工受重伤的情况。

3. 职业病发生率

职业病发生率是指露天煤矿在职员工在报告期内新增患职业病的人数占员工总数的比例。它反映了一定时期内某种职业病的发病程度。

4. 生产事故

生产事故是指报告期内露天煤矿生产经营活动中发生的造成人身伤亡或者直接经济损失的事故次数。此类事故主要是由于人的因素造成的，因而控制该指标可以通过进行针对全员的教育培训和健全管理制度，使岗位人员具有安全意识。

5. 滑坡事故

滑坡事故是指报告期内露天煤矿发生的滑坡事故。露天矿普遍存在安全管理疏忽、安全投入不足等安全问题，而滑坡往往导致重大工程事故，它不仅影响到露天矿的生产，也有可能对周边环境造成影响，使露天矿及人民的生命财产安全蒙受损失。

6. 滑坡事故经济损失

滑坡事故经济损失是指报告期内露天煤矿因滑坡事故造成的经济损失。该指标体现了滑坡事故对露天矿经济方面造成的影响，是一种衡量露天矿因为滑坡导致的损失的程度。

7. 安全培训学时

安全培训学时是指依据国家相关规定，每年对上岗人员进行的安全培训总学时。依据国家安全生产监督管理总局令第 3 号和国家安全生产监督管理总局、国家煤矿安全监察局令第 20 号，煤矿新上岗的培训人员安全培训时间不得少于 72 学时，每年接受再培训的时间不少于 20 学时。

8. 特殊工种持证上岗率

特殊工种持证上岗率是指特殊工种持证上岗人数与总上岗人数的比值。该指标体现出对特殊工种的特殊要求。做到有证上岗，才能保证安全的企业品质。

9. 安全生产投入

安全生产投入是指实际用于安全生产的支出与原煤产量的比值。露天矿必须投入适当的资金用于改善安全措施，更新安全技术装备，以保证露天矿生产达到法律法规以及相关标准规定的安全生产条件，并承担由于安全生产所必需的资金投入不足导致的后果。

10. 突发及自然灾害防控处理能力

突发及自然灾害防控处理能力是指露天矿应对突发火灾、水灾、地震等的应急处理能力，是集预防与应急准备、监测与预警、应急处置与救援于一体的处理能力，尽量消除重大突发事件风险隐患，最大限度地减轻重大突发事件对露天煤矿正常生产的影响。

3.3.3 绿色开采指标

随着科技发展、人文进步以及生态环境恶化，社会对露天矿开采提出了越来越科学的要求，现代露天煤矿不仅是从事满足工业发展所需原煤生产的中流砥柱，更是能引领煤炭开采进入绿色开采时代的探索者。总结绿色开采的含义及近年来广大学者、企事业单位对其内涵的拓展，绿色开采指标应包括对生态环境的改变与保护、节能减排力度、矿区已有资源的利用程度等。

1. 环保与节能减排执行机构

环保与节能减排执行机构是露天煤矿设立的为实行环境保护、土地复垦、节能减排等工程的执行管理机构。该机构监督露天矿安全措施的实施，尽可能地将污染降低到最低程度，减少对周围生态及居民环境影响的破坏。

2. 环保与节能减排保障

环保与节能减排保障是指露天煤矿为了保证环境保护与节能减排持续有力执行而制定的各种规章制度及保障措施。从制度和法律层面，采取相关强制手段杜绝矿山粗放型发展，约束矿山实施节能减排。

3. 水土保持工程计划执行率

水土保持工程计划执行率描述报告期内实际实施水土保持工程数占计划工程数的比例，通过该指标可以考察矿山对水土保持的重视程度，是相关监督管理部门分析矿山水土保持状况的重要依据。

4. 水土保持投资比重

水土保持投资比重描述报告期内用于水土保持工程投资占当年环境保护总投资的比值，通过资金运用状况，直观反映企业对水土保持的重视程度，在不影响企业盈利和可持续发展的前提下，科学、合理地制定该指标显得尤为重要，需要进行多次论证分析。

5. 储煤场煤尘浓度

露天堆放的煤炭本身容易风化而导致大量粉尘产生，在干燥大风的环境容易形成污染源，该项指标反映了在储煤场周围的大气及生态环境情况，应对这一指标保持警惕，严防发生火灾和爆炸。

6. 转载点煤尘浓度

输送带转载处易引起煤尘飞扬，不仅污染环境，还造成资源浪费及经济损失，安装煤尘自动检测和喷雾降尘装置能有效控制该处的煤尘浓度。

7. 工作面粉尘浓度

在露天矿开采过程中，煤炭的运移易引起粉尘，给作业环境带来严重干扰，给司机的工作带来不便，工作面的风流作用带动粉尘扩散，是降低工作面粉尘浓度必须考虑的因素。

8. 运输道路粉尘控制

运输作业中，扬尘污染严重，会危害职工身心健康，破坏矿区环境，干扰司机视线，留下严重的安全隐患。

9. 吨煤二氧化硫排放量

吨煤二氧化硫排放量描述报告期内生产 1 t 煤排放的二氧化硫总量，是考察矿山开采对环境，特别是对大气环境污染的重要依据。为响应建设绿色矿山的号召，如何减少该项指标已经成为一个重要课题。

10. 吨煤碳排放量

吨煤碳排放量描述报告期内生产 1 t 煤排放的碳总量，低碳经济被视为应对气候变化和引领矿山持续性发展的引擎。为了不影响矿山当地的气候环境，保障居民的生活环境，应尽力减少吨煤碳排放量。

11. 吨煤 COD 排放量

吨煤 COD 排放量描述报告期内生产 1 t 煤排放的 COD 总量，伴随着矿山开采的高速发展，开采过程产生的工业污水已经成为主要的污染源。集中处理工业污水，降低吨煤 COD 排放量是绿色开采的必由之路。

12. 土地复垦计划执行率

土地复垦计划执行率是指报告期当年实施的土地复垦面积占计划实施面积的比例，该项指标反映了土地复垦的实施状况。土地复垦是恢复原有环境的重要一环，做到土地占用与复垦的平衡是矿山可持续发展的必备条件。

13. 单位剥采总量的电力消耗

单位剥采总量的电力消耗是指报告期内露天煤矿生产过程中单位剥采量消耗电量。露天煤矿的机械式单斗挖掘机、破碎站、带式输送机等大型设备均采用电力驱动，大型露天煤矿每年的耗电量巨大。单位剥采总量的电力消耗可以考查露天煤矿的电力消耗情况，检验其节能减排工作成果。

14. 单位剥采总量的燃油消耗

单位剥采总量的燃油消耗是指报告期内燃油消耗总量与运输总量的比值。燃油费用是露天矿运输成本中重要的一方面，该指标的合理与否直接体现出露天矿卡车运输经济效益的好坏，是一项重要指标。

15. 资源采出率

提高露天煤矿资源采出率是一种促进资源合理开发，合理回收煤炭资源的重要手段，是露天煤矿重要的评价指标。但资源采出率与地质构造复杂程度、地形地貌复杂程度、可采煤层及平均厚度等指标有关，需采用均衡指标对资源采出率进行折算。

16. 煤矸石综合利用

煤矸石的大量堆放，不仅压占土地，影响生态环境，矸石淋溶水将污染周围土壤和地下水，而且煤矸石中含有一定的可燃物，在适宜的条件下发生自燃，排放二氧化硫、氮氧化物、碳氧化物和烟尘等有害气体污染大气环境。煤矸石中含有硅、铝、钙、镁、铁的氧化物和某些稀有金属，可用于发电或制成建筑材料。

17. 伴生资源利用率

煤炭赋存地质条件下共伴生大量有用矿物资源，如高岭土、石墨、膨润土、硅藻土等，是良好的建筑材料、化工材料。伴生资源利用率反映了露天煤矿在开采煤炭资源的同时，回收有用矿物资源的能力，是评价露天煤矿资源有效利用程度的重要指标。

3.3.4 经济指标

现代露天煤矿评价的经济指标是露天煤矿绩效评价内容的载体，也是露天煤矿绩效评价内容的外在表现，这些指标围绕着露天煤矿绩效建立逻辑严密、相互联系、互为补充的体系结构。露天煤矿绩效评价指标是绩效评价内容的具体体现，绩效评价的综合结果也产生出露天煤矿绩效。

1. 营业利润率

营业利润率是指企业一定时期内实现的营业利润与营业收入的比率。营业利润率越高，表明企业市场竞争力越强，发展潜力越大，盈利能力越强；反之，则越低。

2. 总资产报酬率

总资产报酬率是指企业一定时期内获得的报酬总额与资产平均总额的比率。它表示企业包括净资产和负债在内的全部资产的总体获利能力，用以评价企业运用全部资产的总体获利能力，是评价企业资产运营效益的重要指标。

3. 成本费用利润率

成本费用利润率是企业一定时期内的利润总额与成本、费用总额的比率。成本费用利润率指标表明每付出一元成本费用可获得多少利润，体现了经营耗费所带来的经营成果。该项指标越高，反映企业的经济效益越好。

4. 净资产收益率

净资产收益率是指净利润与平均股东权益的百分比，是公司税后利润除以净资产得到的百分比率。该指标反映股东权益的收益水平，用以衡量公司运用自有资本的效率。指标值越高，说明投资带来的收益越高。

5. 盈余现金保障倍数

盈余现金保障倍数是指企业一定时期经营现金净流量同净利润的比值。该指标反映了企业当期净利润中现金收益的保障程度，真实地反映了企业的盈余的质量。盈余现金保障倍数从现金流入和流出的动态角度，对企业收益的质量进行评价，对企业的实际收益能力再一次修正。

6. 资本收益率

资本收益率是指企业一定期间内实现的净利润与平均资本的比例。该指标反映企业实际获得投资额的回报水平。

7. 单位剥采总量固定资产

固定资产是企业的劳动手段，也是企业赖以生产经营的主要资产。伴随露天矿开采技术的日益提高以及生产规模不断扩大，其中固定资产投入在露天矿建设以及生产投资中所占的比例也不断提高。单位剥采总量固定资产是固定资产与期内剥采总量的比值，将固定资产转换成单位剥采总量固定资产便于公平有效地评价各露天煤矿的固定资产情况。

8. 单位剥采总量流动资产

流动资产指企业可以在一年或者越过一年的一个营业周期内变现或者运用的资产。加强露天煤矿流动资产的管理有利于保证露天矿生产经营活动顺利进行；有利于提高露天矿流动资金的利用效果；有利于保持露天矿资产结构的流动性，提高偿债能力，维护企业信誉。单位剥采总量流动资产是流动资产与期内剥采总量的比值。各露天煤矿由于生产规模等的不同，使其流动资产不具有可比性，为了公平有效地评价各露天煤矿的流动资产情况，将流动资产转换成单位剥采总量流动资产。

9. 单位剥采总量净资产

净资产指总资产减去负债的余额，即所有者权益受每年的盈亏影响而增减。计算公式：净资产 = 资产 - 负债。它表明露天矿的资产总额在抵偿一切现存义务后的差额部分，反映了露天矿的规模和经济实力。单位剥采总量净资产是净资产与期内剥采总量的比值。将净资产转换成单位剥采总量净资产也是为了使各露天煤矿的净资产评价公平有效。

10. 单位剥采总量销售收入

销售收入是指煤炭企业在一定时期内产品销售的货币收入总额。销售收入是补偿耗费、持续经营的基本前提，是加速资金周转、提高资金利用效果的重要环节，是实现利润、分配利润的必要条件。该指标是露天煤矿在一定时期内的生产成果的货币表现，是一项重要的财务指标。单位剥采总量销售收入是销售收入与期内剥采总量的比值。

11. 原煤生产成本

原煤生产成本是指生产每吨煤需投入的经济成本，包括煤炭生产所需耗材、工人工资福利费用、所耗电力、折旧费、矿务工程费等。合理控制原煤生产成本，加强管理，可有效降低露天煤矿生产总成本，相对提高销售收入，进而优化经济效益。

3.3.5 发展能力指标

现代露天煤矿发展能力是指露天煤矿企业扩大规模、壮大实力的潜在能力。露天煤炭企业的发展能力，也称企业的成长性，它是企业通过自身的生产经营活动，不断扩大积累而形成的发展潜能。企业能否健康发展取决于多种因素，包括外部经营环境、企业内在素质及资源条件等。

1. 吨煤科技投入

吨煤科技投入是指露天矿当年每生产 1 t 煤，用于科技创新方面的资金投入。科技创新有助于提升我国煤炭行业发展水平，带动生产效率提升，建设现代露天矿依托于科技创新，两者相互促进形成正向循环。

2. 科技产出投入比

科技产出投入比是指科技创新产出与科技创新的资金总投入的比值，其值越大，表明经济效果越好，先进的科学技术往往能带来几倍的高回报。加大科技的投入，从长期来看是一项节约生产成本的行为。

3. 技术转化率

技术转化率是描述物化科研成果总数占露天矿科技创新投入项目比例的重要指标。研究出来的科技成果要转化为现实的生产力，能够在大范围内推广并产生可观的规模效应，盲目申请项目数量而不注重提高质量是不对的。

4. 科技论文发表率

科技论文发表率表明从事矿山生产人员撰写科技论文的数量，反映出生产人员的业务水平和专业技能。矿山要想谋求发展必须依靠广大员工不断加强自身职业素质。

5. 科技获奖

科技获奖是指从事矿山生产人员、露天煤矿因重大科技成果获得国家、省部委颁发的科技奖项。矿山鼓励员工积极创新，将理论与实际相结合，不断总结经验、找出问题，谋求个人与企业的跨越式发展。

6. 知识产权数

知识产权数是指年授权新型及发明专利数、软件著作权等国家知识产权数量。露天煤矿要鼓励个人发明创造，并给予高额奖励，这是个人实现价值的有效途径，也反映了矿山整体的科技创新能力，为带动整个行业发展起到重要的作用。

7. 净资产（资本）保值增值率

净资产（资本）保值增值率是反映投资者投入企业资本的完整和保全程度的指标。资本保值增值率是财政部制定的评价企业经济效益的十大指标之一，资本保值增值率反映了企业资本的运营效益与安全状况。

8. 营业收入增长率

营业收入增长率是指本年营业收入增长额与上年营业收入总额的比率。该指标是衡量企业经营状况和市场占有能力、预测企业经营业务拓展趋势的重要标志。不断增加的主营业务收入是企业生存的基础和发展的条件。

9. 销售利润增长率

销售利润增长率又称营业利润增长率，是指企业本年营业利润增长额与上年营业利润总额的比率，反映企业营业利润的增减变动情况。

10. 总资产增长率

总资产增长率是指本年总资产增长额与年初资产总额的比率。该指标反映企业本期资产规模的增长情况。资产增长是企业发展的一个重要方面，发展性高的企业一般能保持资产的稳定增长。

11. 资本三年平均增长率

资本三年平均增长率表示企业资本连续三年的积累情况，在一定程度上反映了企业的持续发展水平和发展趋势。由于一般增长率指标在分析时具有“滞后”性，仅反映当期情况，而利用该指标，能够反映企业资本积累或资本扩张的历史发展状况，以及企业稳步发展的趋势。该指标越高，表明企业所有者权益得到的保障程度越大，企业可以长期使用的资金越充足，抗风险和持续发展的能力越强。

12. 营业收入三年平均增长率

营业收入三年平均增长率是指企业营业收入连续三年的增长情况，体现企业的持续发展态势和市场扩张能力，尤其能够衡量上市公司持续性盈利能力。

13. 资本积累率

资本积累率即股东权益增长率，是指本年所有者权益增长额与年初所有者权益的比率。资本积累率是企业当年所有者权益总的增长率，反映了企业所有者权益在当年的变动水平，是评价企业发展潜力的重要指标。

14. 净利润增长率

净利润增长率是指本年净利润增长额与上年净利润的比率。该指标是一个企业经营的最终成果，净利润多，企业的经营效益就好；净利润少，企业的经营效益就差，它是衡量一个企业经营效益的一个重要指标。

3.3.6 企业人文建设指标

企业人文建设包括企业文化和人才培养与建设。企业文化是企业长期形成的稳定的文化观念和历史传统以及特有的经营精神和风格，包括一个企业独特的指导思想、发展战略、经营哲学、价值观念、道德规范、风俗习惯等。

露天矿人才培养与建设目的是建立和完善人才培养机制，合理地挖掘、培养后备人才队伍，建立矿企的人才梯队层次，使各个岗位都有合适的人员以及候补人员，充分发挥每个人的潜能，为矿企的可持续发展提供人力支持。

1. 企业活动

企业活动是指企业为丰富员工生活，提升员工综合素质，为其提供的业余活动。企业活动的开展可以促进各部门同事之间的沟通与交流，增强团队的凝聚力与战斗力，营造更加和谐的企业氛围，同时可以丰富企业文化生活，充实员工的业余生活。

2. 组织保障

组织保障是指为了落实企业文化建设而实施的组织管理措施。组织保障是推进企业文化建设最有力的保障。企业要建立健全领导制度，明确和落实工作责任，形成企业文化主管部门负责组织，各职能部门分工落实，全体员工广泛参与的工作体系。要加强教育培训，丰富企业经营管理者和企业文化建设专职人员的专业知识，提高工作能力。

3. 工作指导与载体支撑

工作指导与载体支撑是指为落实企业文化而提供的工作领导方针、政策指导、经费支持及载体支撑。它将企业文化建设纳入企业发展战略，制定企业文化建设规划或纲要，使年度工作有计划、有落实、有检查。同时组织开展课题研究和专题研讨，开展企业文化主题活动，开展员工企业文化培训、专题教育，充分利用各种媒体传播企业文化，并确保经费有保障并纳入预算管理。

4. 考核评价与激励措施

考核评价与激励措施是指企业为调动员工积极性采取的精神和物资方面的鼓励措施。考核评价指标确立的目的是建立具备宏大的高素质、高效能和高度团结的队伍，以及创造一种自我激励和自我约束的机制。激励措施指标的确立有利于企业吸引、留住人才，有利于企业实现组织目标，有利于调动员工的积极性，有助于增强企业的凝聚力。

5. 精神文化

精神文化是用以指导企业开展生产经营活动的各种行为规范、群体意识和价值观念，是以企业精神为核心的价值体系。精神文化的确立明确了企业使命（企业宗旨）、企业愿景（企业战略目标）、企业价值观（企业核心价值观、经营理念）和企业精神。加强企业精神文化建设，是使文化理念内化于心的过程。要把确定企业精神文化作为企业文化建设工作的重点，通过组织引导员工广泛参与，开展理念确立和深入灌输，进一步提高广大员工对文化理念的认同度和行为的自觉性，使企业文化理念成为统一干部职工思想、凝聚智慧和力量的精神支柱，成为干部职工的行动指南和思想动力。

6. 制度文化

制度文化是人与物、人与企业运营制度的结合部分，它既是人的意识与观念形态的反映，又是由一定物的形式所构成。制度文化是约束企业和员工的行为规范，包括企业内部的各项规章制度、工作流程、工作标准和行为规范等。制度文化是企业文化的重要组成部分，是塑造企业精神文化的根本保证。

7. 企业凝聚力

企业凝聚力是指企业全体员工团结的状况，全体员工对于共同的企业目标或企业领导的认同程度，是企业基本思想在每个人心目中的体现。企业凝聚力反映了员工对企业价值理念的认同度，员工对企业发展战略的认知度，员工对与本职工作相关的规章制度的认可度，企业维护员工合法权益、员工对在企业中实现自身价值的满意度。

8. 企业形象

企业形象是指人们通过企业的各种标志（如产品特点、营销策略、人员风格等）而建立起来的对企业的总体印象，是企业文化建设的核心。该指标是为了树立良好的企业形象，实现企业目标，根据企业形象的现状和目标要求，在充分进行企业形象调查的基础上，对企业总体形象战略，具体塑造企业形象的活动进行谋略，设计和实施的实务运作，最终建设具有理想的知名度和美誉度的企业形象。

9. 社会贡献率

社会贡献率是指企业社会贡献总额与平均资产总额的比率，它反映企业运用全部资产为国家或社会创造或支付价值的能力。企业社会贡献总额是指企业为国家或社会创造或支付的价值总额，包括工资、劳保退休统筹及其他社会福利支出、利息支出净额、增值税、消费税、营业税、有关销售税金及附加，所得税及有关费用和净利润等；平均资产总额是期初资产总额与期末资产总额的平均。社会贡献率表示企业每一单位资产对国家和社会所做的贡献。社会贡献率高说明企业对国家的贡献大。

10. 品牌建设

品牌建设是指企业对自身品牌的构建。品牌建设的确立可以增加企业的凝聚力，增强企业的吸引力与辐射力，提高企业知名度和强化竞争力，同时是推动企业发展与社会进步的一个积极因素。

11. 员工学历水平

露天矿员工的学历水平代表了公司的人才层次，也体现了一个公司整体的素质。良好的文化素质可以提高公司的精神文明建设，从而在一定程度上也会为公司经济的增长起到促进作用。

12. 专业技术人员高级职称比例

高级职称是职称中的最高级别，分正高级和副高级。该指标说明了一个公司高级技术人才的力量，是对公司人才培养效果的一个衡量。

13. 专业技术人员再教育机会

员工再教育是企业发展的新动力，公司是否能给员工再教育的机会，体现了一个公司对人才培养的重视程度。员工通过再教育的机会，可以掌握新的知识，开阔视野，为企业的发展注入源源不断的动力。

14. 人才引进与流失率

人才引进是公司的战略性问题，公司要发展，就需要各层次的人才。当公司内部的人才有限时，就需要从外部进行招聘，引进人才。员工在公司的能力得不到发挥或受限制，那么就会有员工辞职或者跳槽。该指标反映了一个公司是否能留住人才、公司的未来战略方向等问题。

15. 员工幸福指数

幸福是一种主观感受，用幸福指数来衡量。幸福指数越高，说明员工在企业中幸福感越高。该指标能够说明员工在企业中存在的价值，随着这种指数的增加，员工会以极高的工作热情为企业创造更多的经济效益。

在科学性、系统优化性、通用可比性、综合性、动态性、可靠性、实用性原则指导下，确定出85项评价指标涵盖露天煤矿生产的各个方面。其中，原煤生产成本、成孔率、钻机能力利用率、资源采出率、贫化率、采掘设备效率及采掘设备实动率7项指标为具有矿山特点的指标，与矿山实际背景及特点重要关联。其余78项指标具有一般通用性和普适性，且重新对全部指标的定义、计算公式进行了规范。同时，兼顾评价指标的完整性和标准性特征，评价指标体系构建为三级层次模型结构，85项评价指标为层次模型的末级，是最终参与评价的直接指标。三级指标的上层父结构为生产、安全、绿色开采、经济、发展能力、企业人文建设等指标。评价指标的完整性与否应通过指标权重的进行动态调节，即通过三级同父层指标权重的重新分配实现。

4 现代露天煤矿均衡指标及调节方法

4.1 均衡指标

露天煤矿生产工艺、开采规模、经营管理等受多种因素影响，不同露天煤矿地质资源条件不同，影响着露天煤矿生产及其后续环节。相对于同一指标，不同露天煤矿之间的指标存在差异性。为了缩小甚至剔除指标之间存在的差异性，提出从露天煤矿基础条件中选出对评价指标影响显著的指标作为均衡指标，用来修正露天煤矿因地质资源等条件的不同而导致的部分评价指标的差异性，使显著差异性的评价指标处于同一评价基础上，保持评价的客观准确性。根据露天煤矿的特点及通过对众多指标的分析，选取开采工艺、地质资源条件、生产剥采比、地层岩性、水文地质、可采煤层数和煤厚、地形复杂程度、地质构造复杂程度、煤层赋存条件、爆破效果、当地气候条件影响 11 个指标作为均衡指标。

1. 开采工艺

露天矿开采工艺是指完成采掘、运输和排卸这 3 个环节的机械设备和作业方法的总称。开采工艺是决定露天矿开拓运输方式、开采程序、总体布局以及经济效益等一系列重大问题的基础。各种单一式开采工艺因其固有属性的限制，矿岩的单位采掘成本相差较大，因而单一式工艺均有其有力的应用范围。开采工艺直接影响原煤开采成本，各种单一式开采工艺的费用指标见表 4-1。

表 4-1 各种单一式开采工艺的费用指标

工艺类型	开采费用/%	工艺类型	开采费用/%
直接倒堆	100	单斗挖掘机—破碎站—带式输送机	259
轮斗挖掘机—悬臂排土机	108	单斗挖掘机—卡车	309.5
轮斗挖掘机—带式输送机—排土机	209	抛掷爆破	40

在复杂条件下，单一开采工艺不能完全满足露天煤矿的开采规模及技术要求，露天煤矿逐渐趋向于采用多种开采工艺组合成综合开采工艺方式。开采工艺对生产成本的影响较大，采用开采工艺作为均衡指标，将露天煤矿开采成本折算到某一工艺条件下的生产成本。

2. 地质资源条件

矿床的地质资源条件是指矿床自身固有的，具有不变意义的自然特征的集合，主要包括矿床的数量、质量方面的自然因素。地质资源条件的不同直接影响露天煤矿的原煤生产成本等指标。为了尽量减小地质资源条件的不同对生产成本的影响，把地质资源条件作为生产成本的均衡指标，将不同地质资源条件下的生产成本折算到以地质条件优秀为基准时的生产成本。

3. 生产剥采比

生产剥采比的大小直接影响露天煤矿生产单位矿石剥离的土岩量的大小，进而影响露天煤矿的原煤开采成本等指标。在其他条件相同的情况下，生产剥采比越小，原煤开采成本就越小。

4. 地层岩性

地层的岩性尤其是地层岩石的构造、结构、物理性质等直接影响钻机能力利用率、成孔率等指标。如岩石硬度比较大时，钻机钻进难度比较大，钻机的效率会明显降低。

5. 水文地质

矿区水文地质条件是指露天煤矿矿田范围内受地下水影响的地质情况。水文地质条件直接影响露天煤矿钻孔的成孔率，水文地质条件复杂时，受岩层水及孔壁周围水文地质影响下的弱层影响，钻孔已出现孔壁滑落、坍塌，减小钻孔的成孔率；水文地质条件简单时，地层受地下水影响小，钻孔不受流体运动影响，钻孔的成孔率相对比较高。采用水文地质条件作为成孔率的均衡指标，将不同水文地质条件下对应的成孔率调节到以简单水文地质条件为基准的成孔率指标。露天煤矿水文地质条件划分标准见表4－2。

表4－2　露天煤矿水文地质条件划分标准

水文地质条件类型	特　征
简单	不需要专门疏干的矿床：①地形有利于自然排水，地下水补给量极少；②直接充水含水层 $q<1$ L/(s·m)，无难以疏干的强持水岩层
中等	易于疏干的矿床：①直接充水含水层 $1<q<10$ L/(s·m)，含水层持水性小；②直接充水含水层 $10<q\leq 20$ L/(s·m)，但补给来源缺乏
复杂	难以疏干的矿床：①直接充水含水层 $q>10$ L/(s·m)，附近有较大的地表水体，并与地下水有水力联系；或者补给条件虽然不好，但 $q>20$ L/(s·m)；②露天直接充水含水层厚度大、分布广、持水性强，易产生流砂等工程地质问题，不易疏干

6. 可采煤层数及煤厚

可采煤层数和煤厚影响露天煤矿的资源采出率，可采煤层数目越多，煤岩混杂及开采因素的影响使资源采出率降低。

露天采煤采出率与煤层厚度之间有密切关系，可采煤层厚度越大，与岩层接触处未回采煤层占总厚度的比例越小，资源采出率越高；反之，可采煤层越薄，损失煤层厚度占总厚度的比重越大，资源采出率相对越小。采用可采煤层数和煤层厚度作为调节资源采出率的均衡指标，将资源采出率调节到以单层厚煤层为基准时的资源采出率。

7. 地形复杂程度

地形是指地势高低起伏的变化，即地表的形态。地形条件对露天矿生产工艺、设备投入及生产组织管理有重要影响，最根本的是影响到露天煤矿的生产成本，因此把地形复杂程度作为调节生产成本的均衡指标。地形复杂程度可分为简单、中等、复杂3种类型，将不同地形条件下的生产成本折算到以简单地形为基础时的生产成本。露天煤矿地形复杂程度划分标准见表4-3。

表4-3　露天煤矿地形复杂程度划分标准

地形复杂程度类型	特　征
简单	地形为平地、平原、草地
中等	地形为丘陵、盆地、中山、低山，冲沟发育较少
复杂	矿田境界内地表沟壑纵横，多冲沟侵蚀，地形多为高原高山，喀斯特、岩溶地形

8. 地质构造复杂程度

地质构造复杂程度考查开采境界内贯穿煤层的断层数、褶曲、尖灭等的影响，通常情况下，地质构造复杂会降低煤炭的资源采出率。采用地质构造复杂程度作为调节资源采出率均衡指标，将不同程度的地质构造条件下的资源采出率折算到以简单地质构造为基础时的资源采出率。地质构造复杂程度划分标准见表4-4。

表4-4　地质构造复杂程度划分标准

地质构造复杂程度	特　征
极复杂构造	紧密褶皱，断层密集；为形态复杂特殊的褶皱，断层发育；断层极发育
复杂构造	受几组断层严重破坏的断块构造；在单斜、向斜或背斜的基础上，次一级褶曲和断层均很发育；为紧密褶皱，伴有一定数量的断层，断层发育
中等构造	煤（岩）层倾角平缓，沿走向和倾向均发育宽缓褶皱，或伴有一定数量的断层；发育有简单的单斜、向斜或背斜，伴有较多断层，或局部有小规模的褶曲或地层倒转；发育急倾斜或倒转的单斜、向斜或背斜构造，或为形态简单的褶皱，伴有稀少断层，断层较发育
简单构造	煤（岩）层倾角接近水平，很少有缓波状起伏；呈现缓倾斜至倾斜的简单单斜、向斜或背斜构造；只有为数不多和方向单一的宽缓褶皱

9. 煤层赋存条件

煤层赋存条件指煤层走向、倾向、倾角、埋深等条件，煤层赋存条件对原煤的贫化率影响较大。如当其他条件相同时，煤层倾角较小利于选采，原煤中混入矸石较少，贫化率也较小，而当煤层倾角较大时，选采难度比较大，原煤贫化率自然会增大。采用煤层赋存条件作为均衡指标，将贫化率折算到以简单煤层赋存条件为基础时的贫化率。煤层赋存条件划分标准见表4-5。

表 4-5　煤层赋存条件划分标准

煤层赋存条件	特　征
简单	煤层呈水平及近水平状态，煤厚均匀，赋存平缓
中等	煤层赋存呈缓倾斜，煤层稍有起伏，煤层厚度变化不大
复杂	煤层赋存呈倾斜及急倾斜状态，煤层厚度变化较大，煤层起伏变化较大

10. 爆破效果

露天煤矿爆破效果的优劣直接影响到穿孔、铲装、运输和初碎设备的效率以及出矿成本。而由于地质资源条件影响，各露天煤矿依据岩石硬度不同及采装设备挖掘能力决定是否采用爆破技术，而爆破技术的采用影响露天煤矿原煤生产成本和采装设备的效率。在此，采用爆破效果评价等级作为均衡指标，将露天煤矿采用爆破影响下的采装设备效率调节到以无爆破影响为基础的采装设备效率。

11. 当地气候条件影响

我国露天煤矿分布地区不一，其所在地区经纬度、海拔及地理气候千差万别，由此带来的降雨量分布、寒暖湿气流等影响露天煤矿正常生产工作，尤其是影响露天矿设备的正常生产作业。露天煤矿设备内障率主要是由设备故障引起的非可用状态，主要反映设备维护及维修能力水平；而外障率是由设备管理水平及气候等不可抗力引起停产造成的设备效率降低。外障率直接影响设备实动率，因此，由气候条件引起的设备外障率的增高，间接降低了设备实动率，而气候条件对设备的影响主要反映在采掘设备上。露天煤矿在考核以设备实动率为指标的综合评价中，要剔除由自然气候条件引起的设备实动率降低的因素。

4.2　评价指标调节方法

1. 当量原煤生产成本

受地质资源条件、开采工艺、生产剥采比、地形复杂程度的影响，不同露天煤矿的生产成本不在同一基础上，为使评价体系更具有广泛适用性，适用于不同基础的露天煤矿，采用以上 4 种均衡指标对露天煤矿实际生产成本进行折算修正，并以当量原煤生产成本为评价指标代替原生产成本参与露天煤矿评价中。

另外，露天煤矿涉及多个生产环节，因此其生产成本由多种因素共同组成，而其生产环节及辅助生产工作受露天煤矿所处地质资源条件及水文地质条件影响，诸如爆破环节及矿体疏干排水。而不同露天煤矿之间，可能存在有无爆破及疏干排水环节，如不考虑成本构成，则成本比较基础不同。因此，在对露天煤矿原煤生产成本进行当量化折算的过程中，应以剔除爆破成本及疏干排水成本的原煤生产成本为基础，而对于爆破及疏干排水的影响在其他指标中考虑计入。

1）开采工艺

开采工艺调节系数以表 4-1 中所列各种工艺类型的相关费用为依据，将不同工艺依照其费用折算到以单斗—卡车工艺为基础时的当量生产成本。因此，开采工艺调节系数 α_1：直接倒堆工艺 $\alpha_1^1=1$，轮斗挖掘机—悬臂排土机工艺 $\alpha_1^2=1.08$，轮斗挖掘机—带式输

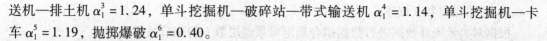

送机—排土机 $\alpha_1^3=1.24$，单斗挖掘机—破碎站—带式输送机 $\alpha_1^4=1.14$，单斗挖掘机—卡车 $\alpha_1^5=1.19$，抛掷爆破 $\alpha_1^6=0.40$。

如果露天煤矿同时采用多种工艺，则把各工艺完成工作量占矿山总工作量的比重作为权重，w_1^i 记为第 i 种工艺完成的工作量，则最终用于调节生产成本的开采工艺调节系数为

$$\alpha_1=f(\alpha_1^i,\ w_1^i)\quad i=1,\ 2,\ \cdots,\ 6 \tag{4-1}$$

2）地质资源条件

在对露天煤矿进行评价之前，首先要对地质资源条件进行评价，具体评价方法见附录1。将地质资源条件分为优、良、中、差和极差5个等级，地质资源条件调节系数 α_2：地质资源条件为优时 $\alpha_2^1=1$，地质资源条件为良时 $\alpha_2^2=1.05$，地质资源条件为中时 $\alpha_2^3=1.10$，地质资源条件为差时 $\alpha_2^3=1.15$，地质资源条件极差时 $\alpha_2^5=1.20$。

3）生产剥采比

生产剥采比调节系数 α_3：生产剥采比不大于2时 $\alpha_3^1=1$，生产剥采比为2~4时 $\alpha_3^2=1.06$，生产剥采比为4~6时 $\alpha_3^3=1.12$，生产剥采比不小于6时 $\alpha_3^4=1.18$。

4）地形复杂程度

地形复杂程度调节系数 α_4：地形简单时 $\alpha_4^1=1$，中等时 $\alpha_4^2=1.1$，复杂时 $\alpha_4^3=1.2$。

因此，用来调节生产成本的最终调节系数 $\alpha=f(\alpha_1,\ \alpha_2,\ \alpha_3,\ \alpha_4)$，当量原煤生产成本 = 露天煤矿实际原煤生产成本 $\times\alpha$。

2. 当量成孔率

露天煤矿钻孔成孔率受地层岩性和水文地质条件共同影响。

1）地层岩性

钻孔成孔率与地层岩石硬度有关，硬岩成孔率相对高，软岩成孔率相对较低，取岩石普氏系数为准则，地层岩性调节系数 β_1：$f\geqslant5$ 时 $\beta_1^1=1$，$4\leqslant f<5$ 时 $\beta_1^2=0.99$，$3\leqslant f<4$ 时 $\beta_1^3=0.97$，$f<3$ 时 $\beta_1^4=0.95$。

2）水文地质条件

依照表4-2对露天矿田范围内水文地质条件进行归类，按照其类型确定水文地质条件的调节系数。水文地质条件对成孔率调节系数 β_2：水文地质条件简单时 $\beta_2^1=1$，水文地质条件中等时 $\beta_2^2=1.1$，水文地质条件复杂时 $\beta_2^3=1.3$。

因此，调节成孔率的调节系数 $\beta=f(\beta_1,\beta_2)$，当量成孔率 = 露天煤矿实际成孔率 $\times\beta$。

3. 当量钻机能力利用率

钻机能力利用率反映的是钻机效率指标，钻机效率受地层岩性的影响，岩层坚硬时，钻机钻进效率相对低。取岩石普氏系数为判别准则，地层岩性调节系数 δ：普氏系数 $f\geqslant6$ 时 $\delta_1=1.1$，$5\leqslant f<6$ 时 $\delta_2=1.08$，$4\leqslant f<5$ 时 $\delta_3=1.05$，$3\leqslant f<4$ 时 $\delta_4=1.02$。$f<3$ 时一般不穿孔爆破，如有穿孔等作业，其调节系数为1。

当量钻机能力利用率 = 钻机实际能力利用率 $\times\delta$。

4. 当量资源采出率

资源采出率受可采煤层数及煤厚、地质构造复杂程度的影响，以可采煤层数及煤厚和地质构造复杂程度作为调节资源采出率的均衡指标，将不同条件下的资源采出率调节到单层厚煤层简单地质构造条件下的资源采出率。

1）可采煤层数及煤厚

根据对大量统计数据进行数据拟合确定可采煤层数 k 的调节系数 n_1：

$$n_1 = \begin{cases} f(k) & k \leq 4 \\ k^{-0.02} & k > 4 \end{cases} \tag{4-2}$$

按规定，露天煤矿薄煤层采出率不低于 85%，中厚煤层不低于 90%，厚煤层不低于 95%。取调节系数 n_2 将不同煤厚条件下的资源采出率折算到以厚煤层为基础的采出率，薄煤层取 1.1，中厚煤层取 1.05，厚煤层取 1。

2）地质构造复杂程度

地质构造复杂程度分为简单、中等、复杂、极复杂 4 种类型，露天煤矿地质构造复杂程度参照表 4－4 进行划分。地质构造复杂程度对资源采出率的调节系数 n_3：地质构造极复杂时 $n_3^1 = 0.94$，复杂构造时 $n_3^2 = 0.96$，中等构造时 $n_3^3 = 0.98$，简单构造时 $n_3^4 = 1$。

因此，调节资源采出率的调节系数 $n = f(n_1, n_2, n_3)$，当量资源采出率＝露天煤矿实际资源采出率 $\times n$。

5. 当量贫化率

在进行露天煤矿评价之前，根据表 4－5 对煤层赋存条件进行分类。将煤层赋存条件分为简单、中等、复杂 3 种类型，煤层赋存条件对贫化率的调节系数 ε：煤层赋存条件简单时 $\varepsilon_1 = 1$，煤层赋存条件中等时 $\varepsilon_2 = 1.05$，煤层赋存条件复杂时 $\varepsilon_3 = 1.10$。当量贫化率＝露天煤矿实际贫化率/ε。

6. 当量采掘设备效率

依据露天矿爆破效果评价等级（分一、二、三、四级），将露天煤矿采掘设备效率进行调节，将其折算到以不采用爆破技术条件下的当量采掘设备效率。其调节系数 τ：爆破效果为一级时 $\tau_1 = 1.1$，爆破效果为二级时 $\tau_2 = 1.07$，爆破效果为三级时 $\tau_3 = 1.03$，爆破效果为四级时 $\tau_4 = 1$。当量采掘设备效率＝实际采掘设备效率/τ。

7. 当量采掘设备实动率

当气候条件对露天煤矿生产作业产生影响时，采掘设备处于非作业状态，但设备同时处于完好状态，即将设备封存不投入生产。令设备完好且被封存时间为 t，在籍时间为 T，实际工作时间为 t_g，则为剔除当地气候条件对采掘设备实动率的影响，在籍时间中应除去封存时间，因此，对实际采掘设备实动率进行相应调整后的当量采掘设备实动率 $\rho = F(t_g, T, t)$。

5 现代露天煤矿评价模型及评价系统

5.1 单指标评价模型

单指标评价模型是为了将评价指标值与现代的标准值进行对比，反映露天煤矿各项评价指标实际值与标准值之间的差异。单指标评价的实质是实行露天煤矿的功能对标，即建立露天煤矿单指标评价模型，并以其为标杆。单指标评价模型由指标、指标标杆值及指标评价考核标准三项构成，分述见定性及定量指标阈值。

5.1.1 定性指标阈值

根据对露天煤矿评价指标的分析可以看出评价指标中既含有定量指标又含有定性指标。两种指标在露天煤矿评价中对评价过程的影响不同，定量指标主要是露天煤矿生产、经济等方面中具有实际数据值的各项指标；定性指标主要是包含露天煤矿技术装备、企业文化、人才建设与培养等只能定性评价、无法给出具体评价值的指标。定量分析是依据统计数据，建立数学模型，并计算出分析对象的各项指标及其数值的方法。定性分析则是主要凭分析者的直觉、经验，凭分析对象过去和现在的延续状况及最新的信息资料，对分析对象的性质、特点、发展变化规律做出判断的方法。通过定性指标与定量指标有机结合，才能对露天煤矿进行综合全面的评价。

为客观、准确地对定性评价指标进行量化，需制定露天煤矿定性指标考核评价标准。对定性指标，通过设定考核指标的考核评价方法和标准，根据露天煤矿实际情况，从反映考核指标的各个方面进行考核评价，最终累计得分就是该考核指标的得分。根据露天煤矿生产管理特点，通过大量的现场调研，制定的露天煤矿定性指标考核评价方法及其参考阈值见表5－1。

表5－1 定性指标考核评价方法与参考阈值表

项目	序号	指标	考核项	标准分	评价方法	参考阈值
生产指标	1	技术装备先进化程度及信息化水平	剥离工艺、采煤工艺、开采参数、开采程序、开拓运输方式是否合理	40分	每项不合理扣8分	85分
			穿孔、采装、运输、排土、供电、辅助设备是否先进，匹配是否合理	35分	每项不先进扣5分，设备间匹配不合理扣2分	
			信息化标准规范与管控体系，包括信息资源标准化、企业信息化管控体系建立情况	2分	每一项不合格扣1分	
			信息化投资策略与投资结构，包括信息化投资力度、信息化投资结构	2分	每一项不合格扣1分	

表5-1（续）

项目	序号	指标	考核项	标准分	评价方法	参考阈值
生产指标	1	技术装备先进化程度及信息化水平	信息化基础建设，包括软件、硬件、网络与通信设备等投入	3分	每一项不合格扣1分	85分
			生产管理信息化，包括露天煤矿从事生产调度、设计等与生产管理直接相关的信息化建设水平	3分	每一项不合格扣1分	
			企业管理信息化，包括管理信息化覆盖率、管理信息化普及率、管理信息化整合度、办公自动化系统应用程度、企业门户应用水平、决策支持应用水平	6分	每一项不合格扣1分	
			信息化集成水平，包括管控一体化水平、和主要合作伙伴的协同情况、企业内部协同水平、共享中心建设情况	4分	每一项不合格扣1分	
			矿山数字化水平，包括生产计划、设计的计算机化水平、卡车及带式输送机运输系统调度的自动化水平、设备安全预警的自动化水平、矿山地质模型和测量及验收的地质信息的自动化水平、边坡预警监测的自动化水平	5分	每一项不合格扣1分	
	2	生产质量标准化程度	有专门的生产技术管理部门，配备采矿、边坡、地质、测量等部门	12分	每一项不合格扣3分	85分
			及时按照国家、行业法律规范编制生产技术、作业规程等技术文件	12分	每一项不合格扣3分	
			合理组织生产，按照规定的定编、定员、定额组织生产	9分	每一项不合格扣3分	
			穿孔必须有设计并按穿孔设计穿孔	10分	无穿孔设计扣10分，不按设计作业每处扣3分	
			爆破必须有设计，作业人员严格按设计进行作业	12分	无爆破设计扣12分，不按设计作业每处扣3分	
			采装必须有设计，作业人员严格按设计进行作业	15分	无采装设计扣15分，不按设计作业每处扣3分	
			运输道路有设计，并按设计严格施工	9分	无运输道路设计扣9分，不按设计作业每处扣3分	
			排土场必须有设计，作业人员严格按设计进行作业	9分	无排土场设计扣9分，不按设计作业每处扣3分	
			台阶、坡道平整，露天煤矿帮齐底平，运输道路路面平整整洁	12分	每一项不合格扣3分	

表5-1（续）

项目	序号	指标	考核项	标准分	评价方法	参考阈值
安全指标	3	突发及自然灾害防控处理能力	有负责防控处理突发及自然灾害的组织领导	10分	没有扣10分	85分
			有突发及自然灾害应急预案	15分	没有扣15分，预案可行性差扣10分，预案有缺陷扣5分	
			进行突发及自然灾害应急知识的宣传、培训以及应急演练	15分	每项没有扣5分	
			应急物资准备	10分	没有准备扣10分，准备不足扣5分	
			对自然灾害及工程地质的监测与预警	20分	没有监测扣20分，有监测没预警扣10分	
			应急处置与救援，包括向上级主管部门汇报，向公安、消防等部门求援，受伤人员的及时救治	15分	每项不合格扣5分	
			善后处理，包括及时调查灾情损失情况、伤亡人员情况、伤亡人员的救治和善后、灾后现场处理和恢复正常生产秩序	15分	每项不合格扣5分	
绿色开采指标	4	环保与节能减排执行机构	有环保与节能减排组织机构	30分	无环保与节能减排组织机构扣30分	85分
			污染物排放符合国家标准	30分	超过国家标准扣30分	
			有降低消耗、减少损失和污染物排放、制止浪费的具体实施方案	30分	缺一项扣10分	
			有相关的宣传广告	10分	无宣传广告扣10分	
	5	环保与节能减排保障	有节能减排相关文件	40分	无节能减排相关文件扣40分	85分
			有节能减排监督与考核人员	30分	无监督考核人员扣30分	
			有节能减排监督与考核细则	30分	无具体细则扣30分	
	6	运输道路粉尘控制	有运输道路粉尘控制总体方案	50分	无运输道路粉尘控制总体方案扣50分	85分
			对机器进行道路粉尘控制，机器包括钻机、卡车、挖掘机	30分	缺少一项扣10分	
			对人有一定防尘措施：防尘口罩、定期肺部检查	20分	缺少一项扣10分	
	7	煤矸石综合利用	是否对煤矸石的分布、积存量、矸石类型、特性等进行系统研究和分析	40分	缺少一项扣10分	85分
			是否建立了煤矸石资料数据库，具有有效利用煤矸石的基础资料	30分	没有数据库扣15分，没有基础资料扣15分	
			具有明确的煤矸石综合利用途径，发展科技含量高、附加值高的煤矸石综合利用技术和产品	30分	缺少一项扣10分	

表5-1（续）

项目	序号	指标	考核项	标准分	评价方法	参考阈值
企业人文建设指标	8	企业活动	企业活动是否围绕主题、全员参与、室内户外结合	24分	每项不合格扣8分	85分
			企业活动是否围绕企业文化，体现员工共同心声，解决现有问题	24分	每项不合格扣8分	
			企业活动是否形式多样，包括公益活动、旅游活动、体育比赛、文艺活动、娱乐活动和技能比武等	24分	每项没有扣8分	
			是否有活动的筹备组、项目分工是否明确、能否保证活动的顺利实施及突然事件的解决	28分	每项没有或不合格扣7分	
	9	组织保障	有企业文化主管部门，建立健全领导制度，明确和落实工作责任，企业经营管理者和企业文化建设专职人员加强教育和培训	100分	每项没有扣25分	85分
	10	工作指导与载体支撑	有工作领导方针、政策指导、经费支持及载体支撑	40分	每项没有扣10分	85分
			制定企业文化建设规划或纲要，组织开展课题研究和专题研讨，开展企业文化主题活动，开展员工企业文化培训、专题教育，充分利用企业各种媒体传播企业文化	60分	每项没有扣12分	
	11	考核评价与激励措施	是否有考核评价与激励制度，制度是否完善，是否具有导向性	30分	没有制度扣30分，制度不完善扣20分，制度完善但不具有导向性扣10分	85分
			激励方式是否具有树立榜样的作用，物质奖励、荣誉待遇和提拔升迁等激励措施能否激励员工	40分	每项不合格扣10分	
			激励效果能否被员工广泛知晓，能否改善员工的行为，奖励和惩罚不至于导致员工的消极行为	30分	每项不能达到效果扣10分	
	12	精神文化	是否有企业使命（企业宗旨）、企业愿景（企业战略目标）、企业价值观（企业核心价值观、经营理念）和企业精神	40分	每项没有扣10分	85分
			以人为中心进行管理，培育企业员工的共同价值观，企业制度与共同价值观协调一致，企业文化理念成为干部职工的行动指南和思想动力，企业文化具有开放性、凝聚力和独特性	60分	每项不符扣12分	
	13	制度文化	企业领导体制，包括企业领导方式、领导结构、领导制度是否科学	45分	每项不科学扣15分	85分
			企业组织机构是否适应企业生产经营管理的要求	25分	不符扣25分	
			企业管理制度，包括企业的人事制度、生产管理制度、民主管理制度等一切规章制度是否科学、完善、实用	30分	一项不符扣10分	

表5-1（续）

项目	序号	指标	考核项	标准分	评价方法	参考阈值
企业人文建设指标	14	企业凝聚力	领导者个人和整个领导集体的影响力	20分	根据企业实际情况打分	85分
			企业吸引力	20分	根据企业实际情况打分	
			围绕领导核心的向心力	20分	根据企业实际情况打分	
			员工对企业有无骄矜感和自豪感	20分	根据企业实际情况打分	
			企业员工是否具有团体意识，企业成员之间能否相互接纳，企业成员间能否有效沟通	20分	第一项无法实现扣8分，另外两项不能实现扣6分	
	15	企业形象	企业在行业排名或社会知晓	60分	行业排名前30得55～60分，前100得45～55分，前200得36～45分，其余36分以下，并根据企业的社会知晓程度适当加减	85分
			企业的社会责任感，企业是否出现污染环境、不讲诚信、损害利益相关者的权益、不参与社会公益活动等事件	40分	出现一项扣10分	
	16	品牌建设	是否有品牌建设规划战略，产品理念是否明确，市场定位是否准确，是否有详细可行的营销计划和阶段性目标，是否有广告等新式的宣传策略，是否考虑了品牌的延伸和管理，品牌是否具有社会价值，品牌能否融入企业员工中去	100分	一项无法实现扣12.5分	85分
	17	员工幸福指数	收入分配是否合理，收入增长是否让员工满意	50分	一项无法满足扣25分	85分
			员工与同事的关系是否和谐，员工与上下级领导的关系是否和谐	20分	一项无法满足扣10分	
			办公环境是否满意，制度环境是否满意，文化环境是否满意	30分	一项无法满足扣10分	

5.1.2　定量指标阈值

由于各露天煤矿地质资源条件、体制、管理不同以及各露天煤矿在计算部分定量指标时采用的计算公式和基础不同，使部分指标不具有可比性。这里重新规定了评价指标中的定量指标的定义及计算公式，采用本体系对露天煤矿进行评价时，要将露天煤矿的各项定量指标按照本体系规定的计算标准进行重新计算，以获得满足本体系要求的指标数据。表5-2列举了定量指标阈值以供参考，而不同时期、不同阶段的指标阈值应根据具体情况而定。

表5-2 定量指标阈值表

项目	序号	指标	现代露天煤矿指标阈值
生产指标	1	穿孔设备出动率/%	≥85
	2	采掘设备出动率/%	≥85
	3	运输设备出动率/%	≥85
	4	穿孔设备实动率/%	≥75
	5	当量采掘设备实动率/%	≥75
	6	运输设备实动率/%	≥75
	7	开拓煤量可采期/月	≥4
	8	回采煤量可采期/月	≥2
	9	当量钻机能力利用率/%	≥90
	10	当量成孔率/%	≥94
	11	当量采掘设备效率/$(m^3 \cdot m^{-3} \cdot h^{-1})$	≥50
	12	运输设备效率/$(m^3 \cdot km \cdot t^{-1} \cdot h^{-1})$	≥4
	13	爆破大块率/%	≤1
	14	当量贫化率/%	≤5
	15	原煤工效/$(t \cdot 工^{-1} \cdot d^{-1})$	≥90
	16	全员采剥总工效/$(m^3 \cdot 工^{-1} \cdot d^{-1})$	≥300
安全指标	17	轻伤事故率/‰	≤5
	18	重伤事故率/‰	≤0.5
	19	职业病发生率/%	≤3
	20	生产事故/次	≤1
	21	滑坡事故/次	≤1
	22	滑坡事故经济损失/万元	≤50
	23	安全培训学时/$(学时 \cdot 人^{-1})$	≥35
	24	特殊工种持证上岗率/%	100
	25	安全生产投入/$(元 \cdot t^{-1})$	≥5
绿色开采指标	26	水土保持工程计划执行率/%	≥90
	27	水土保持投资比重/%	≥70
	28	储煤场煤尘浓度/$(mg \cdot m^{-3})$	≤2.5
	29	转载点煤尘浓度/$(mg \cdot m^{-3})$	≤2.5
	30	工作面粉尘浓度/$(mg \cdot m^{-3})$	≤2.5
	31	吨煤二氧化硫排放量/$(g \cdot t^{-1})$	≤3.5
	32	吨煤碳排放量/$(kg \cdot t^{-1})$	≤25
	33	吨煤 COD 排放量/$(g \cdot t^{-1})$	≤2.5
	34	土地复垦计划执行率/%	≥90

表5-2（续）

项　　目	序　号	指　　标	现代露天煤矿指标阈值
绿色开采指标	35	单位剥采总量的电力消耗/($kW \cdot h \cdot m^{-3}$)	≤1
	36	单位剥采总量的燃油消耗/($kg \cdot m^{-3}$)	≤0.5
	37	当量资源采出率/%	≥95
	38	伴生资源利用率/%	≥40
经济指标	39	营业利润率/%	≥37.9
	40	总资产报酬率/%	≥15.8
	41	成本费用利润率/%	≥29.9
	42	净资产收益率/%	≥19.6
	43	盈余现金保障倍数	≥10.5
	44	资本收益率/%	≥25.9
	45	单位剥采总量固定资产/(元$\cdot m^{-3}$)	≥20
	46	单位剥采总量流动资产/(元$\cdot m^{-3}$)	≥0.1
	47	单位剥采总量净资产/(元$\cdot m^{-3}$)	≥30
	48	单位剥采总量销售收入/(元$\cdot m^{-3}$)	≥45
	49	当量原煤生产成本/(元$\cdot t^{-1}$)	≤90
发展能力指标	50	吨煤科技投入/(元$\cdot t^{-1}$)	≥0.3
	51	科技产出投入比	≥50
	52	技术转化率/%	≥70
	53	科技论文发表率/%	≥15
	54	科技获奖/个	≥3
	55	知识产权数/个	≥5
	56	净资产（资本）保值增值率/%	≥120
	57	营业收入增长率/%	≥35.9
	58	销售利润增长率/%	≥26.5
	59	总资产增长率/%	≥27.9
	60	资本三年平均增长率/%	≥26.5
	61	营业收入三年平均增长率/%	≥31.4
	62	资本积累率/%	≥22.1
	63	净利润增长率/%	≥1.4
企业人文建设指标	64	社会贡献率/%	≥30
	65	员工学历水平/%	≥40
	66	专业技术人员高级职称比例/%	≥10
	67	专业技术人员再教育机会/%	≥40
	68	人才引进与流失率/%	≥6

5.2 分类评价模型

分类评价用来考查露天煤矿各方面发展程度，用来决策露天煤矿的发展类型。分类评价模型主要包含分类评价指标体系、分类评价数学方法、分类评价模型的构建3项内容。

5.2.1 分类评价指标体系

分类评价指标依据露天煤矿评价指标中列出所有评价指标，按照露天煤矿生产过程中涉及各方面内容，分为生产指标、安全指标、绿色开采指标、经济指标、发展能力指标和企业人文建设指标。但是在除这6项指标外，还有1项管理指标始终贯穿于露天煤矿各生产环节及各类指标中。露天煤矿管理指标包含生产管理、安全管理、经营管理以及企业管理等内容。因此，管理指标也是1项评价露天煤矿等级的重要评价指标，从各类中取出涉及露天煤矿管理内容的指标构成管理指标。图5－1至图5－7分别所示为分类评价指标体系的层次模型。

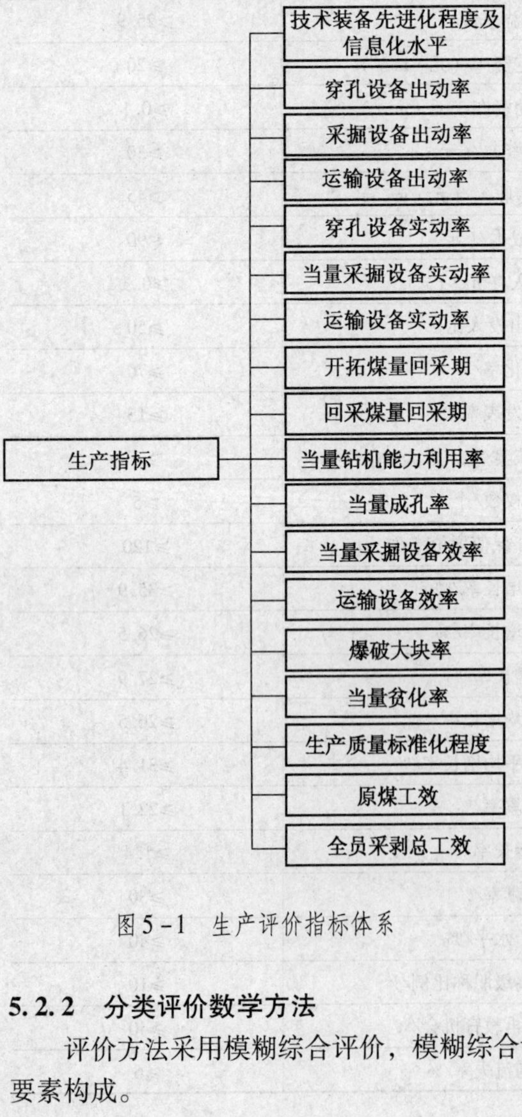

图5－1 生产评价指标体系

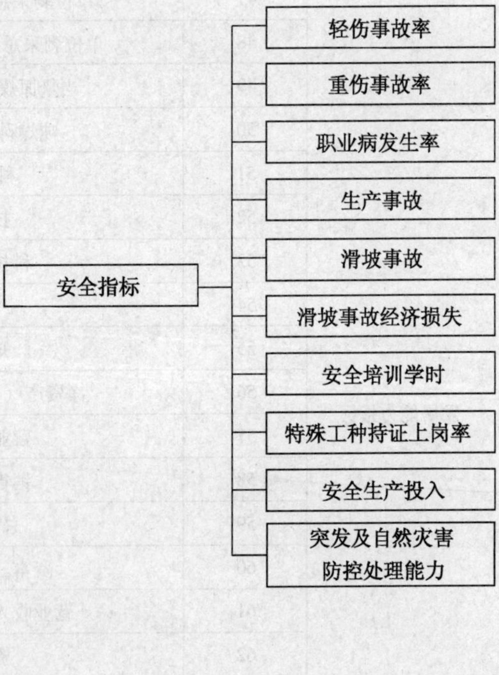

图5－2 安全评价指标体系

5.2.2 分类评价数学方法

评价方法采用模糊综合评价，模糊综合评价由因素集、评价集、单指标评价矩阵3个要素构成。

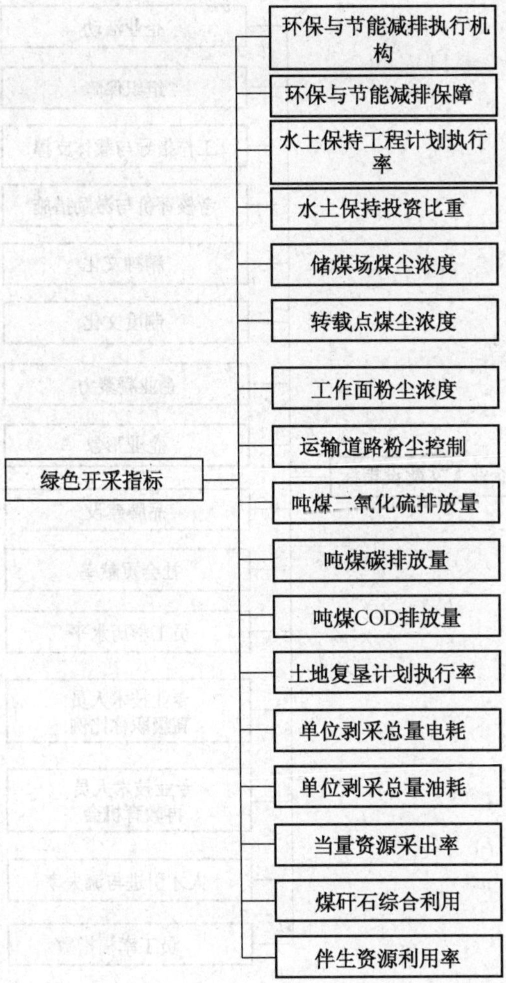

图5-3 绿色开采评价指标体系

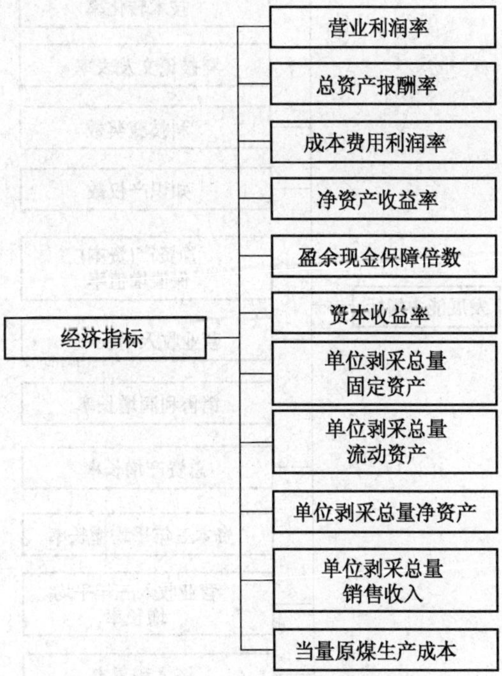

图5-4 经济评价指标体系

因素集 $U=\{u_1, u_2, \cdots, u_n\}$，即被评价对象的各个因素组成的集合。

评价集 $V=\{v_1, v_2, \cdots, v_m\}$，即所有可能出现的评语构成的集合。

单指标评价矩阵即对单个因素 $u_i(i=1, 2, 3, \cdots, n)$ 进行评价，得到 $R=\{r_{i1}, r_{i2}, \cdots, r_{im}\}$，它是从 U 到 V 的一个模糊映射。

$$R=(r_{ij})_{n\times m}=\begin{bmatrix} r_{11} & r_{12} & \cdots & r_{1m} \\ r_{21} & r_{22} & \cdots & r_{2m} \\ \vdots & \vdots & & \vdots \\ r_{n1} & r_{n2} & \cdots & r_{nm} \end{bmatrix}$$

其中，r_{ij}表示 $u_i(i=1, 2, 3, \cdots, n)$ 隶属评价等级 $V_j(j=1, 2, 3, \cdots, m)$ 的程度，可根据相应的隶属函数分布确定。然而，各因素在评价等级上的相对重要程度不同，

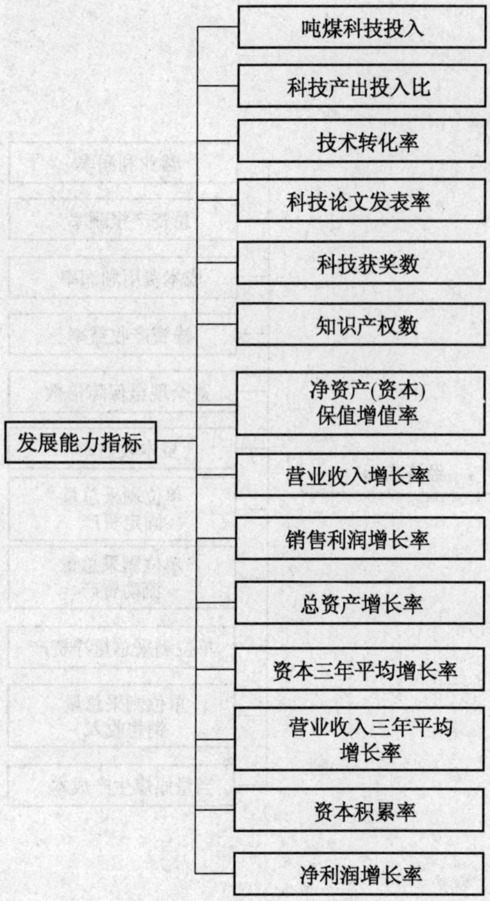

图 5-5　发展能力评价指标体系

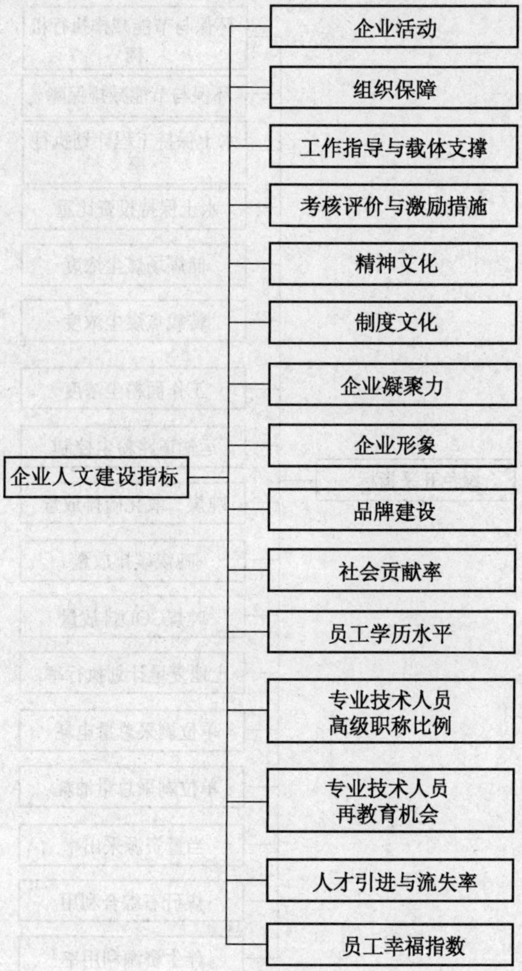

图 5-6　企业人文建设评价指标体系

需要对各因素加权。各因素的权重记为 $W=(w_1, w_2, \cdots, w_n)$，其中权重满足 $\sum_{i=1}^{n} w_i = 1$，w_i 对应 u_i 因素的权重。

权重集 W 和评价矩阵 R 的合成，即得对各个因素的综合评价顺序模型：

$$B = W \circ R$$

B 是评价对象的综合模糊评价，是 V 上的模糊子集。

$$B = \{b_1, b_2, \cdots, b_m\}$$

式中　b_j——第 j 种评价在总评价集 V 中所占的地位。

1. 评价指标分级区间及权重的确定

根据模糊综合评价数学方法要求，将分类评价等级分为 v_1、v_2、v_3、v_4 四个等级。不同评价指标对综合评价的影响程度不同，因此要引进权重因子来控制评价指标的地位。选用集值迭代法确定各因素权重，集值迭代法基本原理如下：

设 $X=\{x_1, x_2, \cdots, x_q\}$ 为有限论域，$P=\{p_1, p_2, \cdots, p_q\}$，首先选定一个初始值 k，$1 \leqslant k \leqslant q$，随后 $p_j(j=1, 2, \cdots, n)$，按下列步骤完成试验。

（1）在 X 中选 p_j 认为优先属于 A 的 $r_1=k$ 个元素，得 X 的子集：

$$X_1^{(j)}=\{x_{i_1}^{(j)}, x_{i_2}^{(j)}, \cdots, x_{i_k}^{(j)}\} \subseteq X$$

（2）在 X 中选取 p_j 认为优先属于 A 的 $r_2=2k$ 个元素，得 X 的子集：

$$X_2^{(j)}=\{x_{i_1}^{(j)}, x_{i_2}^{(j)}, \cdots, x_{i_k}^{(j)}, x_{i_{k+2}}^{(j)}, \cdots, x_{i_{2k}}^{(j)}\} \supseteq X_1^{(j)}$$

（3）以此类推，在 X 中选取 p_j 认为优先属于 A 的 $r_t=tk$ 个元素，得 X 的子集：

$$X_t^{(j)}=\{x_{i_1}^{(j)}, \cdots, x_{i_k}^{(j)}\} \supseteq X_{t-1}^{(j)}$$

若自然数 t 满足 $q=tk+c$，$1 \leqslant c \leqslant k$，则迭代过程终止于第 $t+1$ 步。

计算 x_j 的覆盖频率：

$$m(x_i)=\frac{1}{n(t+1)}\sum_{s=1}^{t+1}\sum_{j=1}^{n}\chi^{x_s^{(j)}}(x_i), \quad i=1,2,\cdots,q$$

其中，$\chi^{x_s^{(j)}}$ 为集合 x_s^j 的特征函数，将 $m(x_i)$ 归一化既得隶属度。

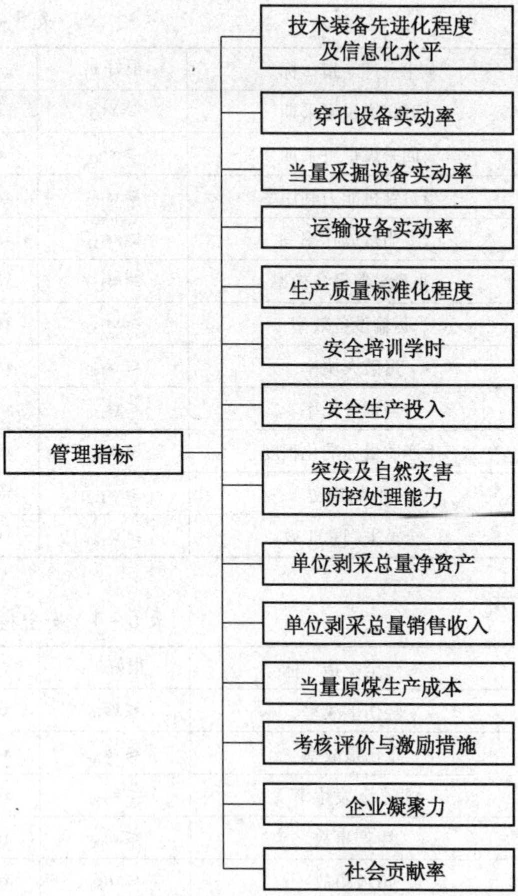

图 5－7 管理评价指标体系

分类评价指标分级区间与权重变量见表 5－3 至表 5－9（表中变量所代表值的大小与脚标同趋势，即脚标越大其所代表的值也就越大）。各指标分级区间通过统计分析获得，权重通过专家打分并按照上述集值迭代法最终确定。

表 5－3 生产指标分级区间与权重

生产指标	很好 v_1	好 v_2	一般 v_3	差 v_4	权重
技术装备先进化程度及信息化水平	$\geqslant xs_{12}$	$xs_{11} \sim xs_{12}$	$xs_{10} \sim xs_{11}$	$< xs_{10}$	ws_1
穿孔设备出动率	$\geqslant xs_{22}$	$xs_{21} \sim xs_{22}$	$xs_{20} \sim xs_{11}$	$< xs_{20}$	ws_2
采掘设备出动率	$\geqslant xs_{32}$	$xs_{31} \sim xs_{32}$	$xs_{30} \sim xs_{31}$	$< xs_{30}$	ws_3
运输设备出动率	$\geqslant xs_{42}$	$xs_{41} \sim xs_{42}$	$xs_{40} \sim xs_{41}$	$< xs_{40}$	ws_4
穿孔设备实动率	$\geqslant xs_{52}$	$xs_{51} \sim xs_{52}$	$xs_{50} \sim xs_{51}$	$< xs_{50}$	ws_5
当量采掘设备实动率	$\geqslant xs_{62}$	$xs_{61} \sim xs_{62}$	$xs_{60} \sim xs_{61}$	$< xs_{60}$	ws_6
运输设备实动率	$\geqslant xs_{72}$	$xs_{71} \sim xs_{72}$	$xs_{70} \sim xs_{71}$	$< xs_{70}$	ws_7

表5-3（续）

生产指标	很好 v_1	好 v_2	一般 v_3	差 v_4	权重
开拓煤量可采期	$\geq xs_{82}$	$xs_{81} \sim xs_{82}$	$xs_{80} \sim xs_{81}$	$< xs_{80}$	ws_8
回采煤量可采期	$\geq xs_{92}$	$xs_{91} \sim xs_{92}$	$xs_{90} \sim xs_{91}$	$< xs_{90}$	ws_9
当量钻机能力利用率	$\geq xs_{102}$	$xs_{101} \sim xs_{102}$	$xs_{100} \sim xs_{101}$	$< xs_{100}$	ws_{10}
当量成孔率	$\geq xs_{112}$	$xs_{111} \sim xs_{112}$	$xs_{110} \sim xs_{111}$	$< xs_{110}$	ws_{11}
当量采掘设备效率	$\geq xs_{122}$	$xs_{121} \sim xs_{122}$	$xs_{120} \sim xs_{121}$	$< xs_{120}$	ws_{12}
运输设备效率	$\geq xs_{132}$	$xs_{131} \sim xs_{132}$	$xs_{130} \sim xs_{131}$	$< xs_{130}$	ws_{13}
爆破大块率	$\leq xs_{140}$	$xs_{140} \sim xs_{141}$	$xs_{141} \sim xs_{142}$	$> xs_{142}$	ws_{14}
当量贫化率	$\leq xs_{150}$	$xs_{150} \sim xs_{151}$	$xs_{151} \sim xs_{152}$	$> xs_{152}$	ws_{15}
生产质量标准化程度	$\geq xs_{162}$	$xs_{161} \sim xs_{162}$	$xs_{160} \sim xs_{161}$	$< xs_{160}$	ws_{16}
原煤工效	$\geq xs_{172}$	$xs_{171} \sim xs_{172}$	$xs_{170} \sim xs_{171}$	$< xs_{170}$	ws_{17}
全员采剥总工效	$\geq xs_{180}$	$xs_{180} \sim xs_{181}$	$xs_{181} \sim xs_{182}$	$< vxs_{182}$	ws_{18}

表5-4 安全指标分级区间与权重

安全指标	很好 v_1	好 v_2	一般 v_3	差 v_4	权重
轻伤事故率	$\leq xa_{10}$	$xa_{10} \sim xa_{11}$	$xa_{11} \sim xa_{12}$	$> xa_{12}$	wa_1
重伤事故率	$\leq xa_{20}$	$xa_{20} \sim xa_{21}$	$xa_{21} \sim xa_{22}$	$> xa_{22}$	wa_2
职业病发生率	$\leq xa_{30}$	$xa_{30} \sim xa_{31}$	$xa_{31} \sim xa_{32}$	$> xa_{32}$	wa_3
生产事故	$\leq xa_{40}$	$xa_{40} \sim xa_{41}$	$xa_{41} \sim xa_{42}$	$> xa_{42}$	wa_4
滑坡事故	$\leq xa_{50}$	$xa_{50} \sim xa_{51}$	$xa_{51} \sim xa_{52}$	$> xa_{52}$	wa_5
滑坡事故经济损失	$\leq xa_{60}$	$xa_{60} \sim xa_{61}$	$xa_{61} \sim xa_{62}$	$> xa_{62}$	wa_6
安全培训学时	$\geq xa_{72}$	$xa_{71} \sim xa_{72}$	$xa_{70} \sim xa_{71}$	$< xa_{70}$	wa_7
特殊工种持证上岗率	$\geq xa_{82}$	$xa_{81} \sim xa_{82}$	$xa_{80} \sim xa_{81}$	$< xa_{80}$	wa_8
安全生产投入	$\geq xa_{92}$	$xa_{90} \sim xa_{91}$	$xa_{91} \sim xa_{92}$	$< xa_{90}$	wa_9
突发及自然灾害防控处理能力	$\geq xa_{102}$	$xa_{101} \sim xa_{102}$	$xa_{100} \sim xa_{101}$	$< xa_{100}$	wa_{10}

表5-5 绿色开采指标分级区间与权重

绿色开采指标	很好 v_1	好 v_2	一般 v_3	差 v_4	权重
环保与节能减排执行机构	$\geq xl_{12}$	$xl_{11} \sim xl_{12}$	$xl_{10} \sim xl_{11}$	$< xl_{10}$	wl_1
环保与节能减排保障	$\geq xl_{22}$	$xl_{21} \sim xl_{22}$	$xl_{20} \sim xl_{21}$	$< xl_{20}$	wl_2
水土保持工程计划执行率	$\geq xl_{32}$	$xl_{31} \sim xl_{32}$	$xl_{30} \sim xl_{31}$	$< xl_{30}$	wl_3
水土保持投资比重	$\geq xl_{42}$	$xl_{41} \sim xl_{42}$	$xl_{40} \sim xl_{41}$	$< xl_{40}$	wl_4
储煤场煤尘浓度	$\leq xl_{50}$	$xl_{50} \sim xl_{51}$	$xl_{51} \sim xl_{52}$	$> xl_{52}$	wl_5
转载点煤尘浓度	$\leq xl_{60}$	$xl_{60} \sim xl_{61}$	$xl_{61} \sim xl_{62}$	$> xl_{62}$	wl_6
工作面粉尘浓度	$\leq xl_{70}$	$xl_{70} \sim xl_{71}$	$xl_{71} \sim xl_{72}$	$> xl_{72}$	wl_7
运输道路粉尘控制	$\geq xl_{82}$	$xl_{80} \sim xl_{81}$	$xl_{81} \sim xl_{82}$	$< xl_{80}$	wl_8

表5-5（续）

绿色开采指标	很好 v_1	好 v_2	一般 v_3	差 v_4	权重
吨煤二氧化硫排放量	$\leq xl_{90}$	$xl_{90} \sim xl_{91}$	$xl_{91} \sim xl_{92}$	$> xl_{92}$	wl_9
吨煤碳排放量	$\leq xl_{100}$	$xl_{100} \sim xl_{101}$	$xl_{101} \sim xl_{102}$	$> xl_{102}$	wl_{10}
吨煤 COD 排放量	$\leq xl_{110}$	$xl_{110} \sim xl_{111}$	$xl_{111} \sim xl_{112}$	$> xl_{112}$	wl_{11}
土地复垦计划执行率	$\geq xl_{122}$	$xl_{121} \sim xl_{122}$	$xl_{120} \sim xl_{121}$	$< xl_{120}$	wl_{12}
单位剥采总量的电力消耗	$\leq xl_{130}$	$xl_{130} \sim xl_{131}$	$xl_{131} \sim xl_{132}$	$> xl_{132}$	wl_{13}
单位剥采总量的燃油消耗	$\leq xl_{140}$	$xl_{140} \sim xl_{141}$	$xl_{141} \sim xl_{142}$	$> xl_{142}$	wl_{14}
当量资源采出率	$\geq xl_{152}$	$xl_{151} \sim xl_{152}$	$xl_{150} \sim xl_{151}$	$< xl_{150}$	wl_{15}
煤矸石综合利用	$\geq xl_{162}$	$xl_{161} \sim xl_{162}$	$xl_{160} \sim xl_{161}$	$< xl_{160}$	wl_{16}
伴生资源利用率	$\geq xl_{172}$	$xl_{171} \sim xl_{172}$	$xl_{170} \sim xl_{171}$	$< xl_{170}$	wl_{17}

表5-6 经济指标分级区间与权重

经济指标	很好 v_1	好 v_2	一般 v_3	差 v_4	权重
营业利润率	$\geq xj_{12}$	$xj_{11} \sim xj_{12}$	$xj_{10} \sim xj_{11}$	$< xj_{10}$	wj_1
总资产报酬率	$\geq xj_{22}$	$xj_{21} \sim xj_{22}$	$xj_{20} \sim xj_{21}$	$< xj_{20}$	wj_2
成本费用利润率	$\geq xj_{32}$	$xj_{31} \sim xj_{32}$	$xj_{30} \sim xj_{31}$	$< xj_{30}$	wj_3
净资产收益率	$\geq xj_{42}$	$xj_{41} \sim xj_{42}$	$xj_{40} \sim xj_{41}$	$< xj_{40}$	wj_4
盈余现金保障倍数	$\geq xj_{52}$	$xj_{51} \sim xj_{52}$	$xj_{50} \sim xj_{51}$	$< xj_{50}$	wj_5
资本收益率	$\geq xj_{62}$	$xj_{61} \sim xj_{62}$	$xj_{60} \sim xj_{61}$	$< xj_{60}$	wj_6
单位剥采总量固定资产	$\geq xj_{72}$	$xj_{71} \sim xj_{72}$	$xj_{70} \sim xj_{71}$	$< xj_{70}$	wj_7
单位剥采总量流动资产	$\geq xj_{82}$	$xj_{81} \sim xj_{82}$	$xj_{80} \sim xj_{81}$	$< xj_{80}$	wj_8
单位剥采总量净资产	$\geq xj_{92}$	$xj_{91} \sim xj_{92}$	$xj_{90} \sim xj_{91}$	$< xj_{90}$	wj_9
单位剥采总量销售收入	$\geq xj_{102}$	$xj_{101} \sim xj_{102}$	$xj_{100} \sim xj_{101}$	$< xj_{100}$	wj_{10}
当量原煤生产成本	$\leq xj_{110}$	$xj_{110} \sim xj_{111}$	$xj_{111} \sim xj_{112}$	$> xj_{112}$	wj_{11}

表5-7 发展能力指标分级区间与权重

发展能力指标	很好 v_1	好 v_2	一般 v_3	差 v_4	权重
吨煤科技投入	$\geq xf_{12}$	$xf_{11} \sim xf_{12}$	$xf_{10} \sim xf_{11}$	$< xf_{10}$	wf_1
科技产出投入比	$\geq xf_{22}$	$xf_{21} \sim xf_{22}$	$xf_{20} \sim xf_{21}$	$< xf_{20}$	wf_2
技术转化率	$\geq xf_{32}$	$xf_{31} \sim xf_{32}$	$xf_{30} \sim xf_{31}$	$< xf_{30}$	wf_3
科技论文发表率	$\geq xf_{42}$	$xf_{41} \sim xf_{42}$	$xf_{40} \sim xf_{41}$	$< xf_{40}$	wf_4
科技获奖数	$\geq xf_{52}$	$xf_{51} \sim xf_{52}$	$xf_{50} \sim xf_{51}$	$< xf_{50}$	wf_5
知识产权数	$\geq xf_{62}$	$xf_{61} \sim xf_{62}$	$xf_{60} \sim xf_{61}$	$< xf_{60}$	wf_6
净资产（资本）保值增值率	$\geq xf_{72}$	$xf_{71} \sim xf_{72}$	$xf_{70} \sim xf_{71}$	$< xf_{70}$	wf_7
营业收入增长率	$\geq xf_{82}$	$xf_{81} \sim xf_{82}$	$xf_{80} \sim xf_{81}$	$< xf_{80}$	wf_8
销售利润增长率	$\geq xf_{92}$	$xf_{91} \sim xf_{92}$	$xf_{90} \sim xf_{91}$	$< xf_{90}$	wf_9

表5-7（续）

发展能力指标	很好 v_1	好 v_2	一般 v_3	差 v_4	权重
总资产增长率	$\geq xf_{102}$	$xf_{101} \sim xf_{102}$	$xf_{100} \sim xf_{101}$	$< xf_{100}$	wf_{10}
资本三年平均增长率	$\geq xf_{112}$	$xf_{111} \sim xf_{112}$	$xf_{110} \sim xf_{111}$	$< xf_{110}$	wf_{11}
营业收入三年平均增长率	$\geq xf_{122}$	$xf_{121} \sim xf_{122}$	$xf_{120} \sim xf_{121}$	$< xf_{120}$	wf_{12}
资本积累率	$\geq xf_{132}$	$xf_{131} \sim xf_{132}$	$xf_{130} \sim xf_{131}$	$< xf_{130}$	wf_{13}
净利润增长率	$\geq xf_{142}$	$xf_{141} \sim xf_{142}$	$xf_{140} \sim xf_{141}$	$< xf_{140}$	wf_{14}

表5-8　企业人文建设指标分级区间与权重

企业人文建设指标	很好 v_1	好 v_2	一般 v_3	差 v_4	权重
企业活动	$\geq xq_{12}$	$xq_{11} \sim xq_{12}$	$xq_{10} \sim xq_{11}$	$< xq_{10}$	wq_1
组织保障	$\geq xq_{22}$	$xq_{21} \sim xq_{22}$	$xq_{20} \sim xq_{21}$	$< xq_{20}$	wq_2
工作指导与载体支撑	$\geq xq_{32}$	$xq_{31} \sim xq_{32}$	$xq_{30} \sim xq_{31}$	$< xq_{30}$	wq_3
考核评价与激励措施	$\geq xq_{42}$	$xq_{41} \sim xq_{42}$	$xq_{40} \sim xq_{41}$	$< xq_{40}$	wq_4
精神文化	$\geq xq_{52}$	$xq_{51} \sim xq_{52}$	$xq_{50} \sim xq_{51}$	$< xq_{50}$	wq_5
制度文化	$\geq xq_{62}$	$xq_{61} \sim xq_{62}$	$xq_{60} \sim xq_{61}$	$< xq_{60}$	wq_6
企业凝聚力	$\geq xq_{72}$	$xq_{71} \sim xq_{72}$	$xq_{70} \sim xq_{71}$	$< xq_{70}$	wq_7
企业形象	$\geq xq_{82}$	$xq_{81} \sim xq_{82}$	$xq_{80} \sim xq_{81}$	$< xq_{80}$	wq_8
品牌建设	$\geq xq_{92}$	$xq_{91} \sim xq_{92}$	$xq_{90} \sim xq_{91}$	$< xq_{90}$	wq_9
社会贡献率	$\geq xq_{102}$	$xq_{101} \sim xq_{102}$	$xq_{100} \sim xq_{101}$	$< xq_{100}$	wq_{10}
员工学历水平	$\geq xq_{112}$	$xq_{111} \sim xq_{112}$	$xq_{110} \sim xq_{111}$	$< xq_{110}$	wq_{11}
专业技术人员高级职称比例	$\geq xq_{122}$	$xq_{121} \sim xq_{122}$	$xq_{120} \sim xq_{121}$	$< xq_{120}$	wq_{12}
专业技术人员再教育机会	$\geq xq_{132}$	$xq_{131} \sim xq_{132}$	$xq_{130} \sim xq_{131}$	$< xq_{130}$	wq_{13}
人才引进与流失率	$\geq xq_{142}$	$xq_{141} \sim xq_{142}$	$xq_{140} \sim xq_{141}$	$< xq_{140}$	wq_{14}
员工幸福指数	$\geq xq_{152}$	$xq_{151} \sim xq_{152}$	$xq_{150} \sim xq_{151}$	$< xq_{150}$	wq_{15}

表5-9　管理指标分级区间与权重

管理指标	很好 v_1	好 v_2	一般 v_3	差 v_4	权重
技术装备先进化程度及信息化水平	$\geq xg_{12}$	$xg_{11} \sim xg_{12}$	$xg_{10} \sim xg_{11}$	$< xg_{10}$	wg_1
穿孔设备实动率	$\geq xg_{22}$	$xg_{21} \sim xg_{22}$	$xg_{20} \sim xg_{21}$	$< xg_{20}$	wg_2
当量采掘设备实动率	$\geq xg_{32}$	$xg_{31} \sim xg_{32}$	$xg_{30} \sim xg_{31}$	$< xg_{30}$	wg_3
运输设备实动率	$\geq xg_{42}$	$xg_{41} \sim xg_{42}$	$xg_{40} \sim xg_{41}$	$< xg_{40}$	wg_4
生产质量标准化程度	$\geq xg_{52}$	$xg_{51} \sim xg_{52}$	$xg_{50} \sim xg_{51}$	$< xg_{50}$	wg_5
安全培训学时	$\geq xg_{62}$	$xg_{61} \sim xg_{62}$	$xg_{60} \sim xg_{61}$	$< xg_{60}$	wg_6
安全生产投入	$\geq xg_{72}$	$xg_{71} \sim xg_{72}$	$xg_{70} \sim xg_{71}$	$< xg_{70}$	wg_7

表5-9（续）

管理指标	很好 v_1	好 v_2	一般 v_3	差 v_4	权重
突发及自然灾害防控处理能力	$\geqslant xg_{82}$	$xg_{81} \sim xg_{82}$	$xg_{80} \sim xg_{81}$	$< xg_{80}$	wg_8
单位剥采总量净资产	$\geqslant xg_{92}$	$xg_{91} \sim xg_{92}$	$xg_{90} \sim xg_{91}$	$< xg_{90}$	wg_9
单位剥采总量销售收入	$\geqslant xg_{102}$	$xg_{101} \sim xg_{102}$	$xg_{100} \sim xg_{101}$	$< xg_{100}$	wg_{10}
当量原煤生产成本	$\geqslant xg_{112}$	$xg_{111} \sim xg_{112}$	$xg_{110} \sim xg_{111}$	$< xg_{110}$	wg_{11}
考核评价与激励措施	$\geqslant xg_{122}$	$xg_{121} \sim xg_{122}$	$xg_{120} \sim xg_{121}$	$< xg_{120}$	wg_{12}
企业凝聚力	$\geqslant xg_{132}$	$xg_{131} \sim xg_{132}$	$xg_{130} \sim xg_{131}$	$< xg_{130}$	wg_{13}
社会贡献率	$\geqslant xg_{142}$	$xg_{141} \sim xg_{142}$	$xg_{140} \sim xg_{141}$	$< xg_{140}$	wg_{14}

需要说明的是，在此处考虑的是各评价指标在分类指标中的权重，且所有指标的构建是为适应所有露天煤矿的评价，故应被视为通用模型。然而对于不同露天煤矿，如果对应的单项指标不存在，其权重要重新分配到所在分类项的其他单项指标中，即权重是动态权重，要根据指标的有无实现重新分配，各分类指标的权重之和为1。

2. 评价指标隶属度的确定

各评价指标的隶属度函数由梯形分布给出，各因素在各等级间的隶属度函数如下。

（1）对 v_1 符合降半梯形分布：

$$f_{i1}(x)=\begin{cases}1 & x\in(s_{i0}\sim s_{i1})\\ \dfrac{s_{i2}-x}{s_{i2}-s_{i1}} & x\in(s_{i1}\sim s_{i2})\\ 0 & x\in(s_{i2}\sim s_{i4})\end{cases}$$

（2）对 v_4 符合升半梯形分布：

$$f_{i4}(x)=\begin{cases}0 & x\in(s_{i0}\sim s_{i2})\\ \dfrac{x-s_{i2}}{s_{i3}-s_{i2}} & x\in(s_{i2}\sim s_{i3})\\ 1 & x\in(s_{i3}\sim s_{i4})\end{cases}$$

（3）对 $v_j(j=2,3)$ 符合中间型梯形分布：

$$f_{ij}(x)=\begin{cases}0 & x\in(s_{i0}\sim s_{i,j-2})\\ \dfrac{x-s_{i,j-2}}{s_{i,j-1}-s_{i,j-2}} & x\in(s_{i,j-2}\sim s_{i,j-1})\\ 1 & x\in(s_{i,j-1}\sim s_{ij})\\ \dfrac{s_{i,j+1}-x}{s_{i,j+1}-s_{ij}} & x\in(s_{ij}\sim s_{i,j+1})\\ 0 & x\in(s_{i,j+1}\sim s_{i4})\end{cases}$$

5.2.3 分类评价模型的构建

根据隶属度函数，确定因素集 $U=\{u_1, u_2, \cdots, u_n\}$ 在评价等级 $V=\{v_1, v_2, v_3,$

$v_4\}$ 上的隶属度，可得单指标评价矩阵 R，（U，V，R）构成一个模糊评判空间。

$$R=(r_{ij})_{n\times m}=\begin{bmatrix} r_{11} & r_{12} & \cdots & r_{1m} \\ r_{21} & r_{22} & \cdots & r_{2m} \\ \vdots & \vdots & & \vdots \\ r_{n1} & r_{n2} & \cdots & r_{nm} \end{bmatrix}$$

$$B=W\circ R=(b_1,\ b_2,\ b_3,\ b_4)=(w_1,\ w_2,\ \cdots,\ w_n)\circ\begin{bmatrix} r_{11} & r_{12} & r_{13} & r_{14} \\ r_{21} & r_{22} & r_{23} & r_{24} \\ \vdots & \vdots & \vdots & \vdots \\ r_{n1} & r_{n2} & r_{n3} & r_{n4} \end{bmatrix}$$

选用不同的模糊函数可能会得到不同的评判结果，如单指标决定型 $M(\vee,\ \wedge)$、主因素突出型 $M(\vee,\ \cdot)$ 的决策结果都是由最大数值决定，而几何平均型 $M(\vee,\ \Pi)$ 和加权平均型 $M\left(\vee,\ \sum\right)$能够综合所有因素和权重的作用。为使评判结果准确、合理，采用加权平均型，综合考虑所有因素及权重的影响。

根据最终模糊评价集，按照最大隶属度原则确定最终评价结果，最大隶属度为 $b_{\max}=(b_1,\ b_2,\ b_3,\ b_4)$。同时，为了更加清晰直观地获得评价结果，规定 4 个等级所对应的分值区间分别为［85，100］，［70，85），［55，70），［40，55］，并以线性内插法确定其最终评价得分的分段函数为

$$y=\begin{cases} 20b_{\max}+80,\ b_{\max}=b_1 \\ 20b_{\max}+65,\ b_{\max}=b_2 \\ 20b_{\max}+50,\ b_{\max}=b_3 \\ 20b_{\max}+35,\ b_{\max}=b_4 \end{cases}$$

示例：某露天煤矿生产指标模糊评价集 $B_1=(0.53,\ 0.45,\ 0.02,\ 0)$，按照最大隶属度原则确定其评价结果为一级（$b_{\max}=b_1$），根据分段函数确定其最终生产指标得分为 90.6 分大于现代露天煤矿要求分数 85 分。

5.3 矿山综合评价模型

5.3.1 综合评价指标体系

按照通用层次模型构建准则，综合评价指标体系分 3 个层次：第一层次为目标层，即各分类评价指标的总目标层；第二层次为准则层，即总目标包含的主要内容；第三层次为指标层，即各项包含内容的具体指标，也是各分类评价指标体系中最基本的指标。

综合评价指标体系涉及 6 项分类指标，在综合评价指标中管理指标被分配到其他 6 项指标中，不含重复指标。因此，综合评价可依据前文的 6 项分类评价指标结果。因此，综合评价指标体系可简化为图 5－8。

5.3.2 综合评价模型

鉴于分类评价结果是由模糊综合评价法得出，综合评价在分类评价结果的基础上进行。因此，采用指标权重法对最终评价结果进行求解。假定第 $k(k=1,\ 2,\ \cdots,\ 6)$ 项评

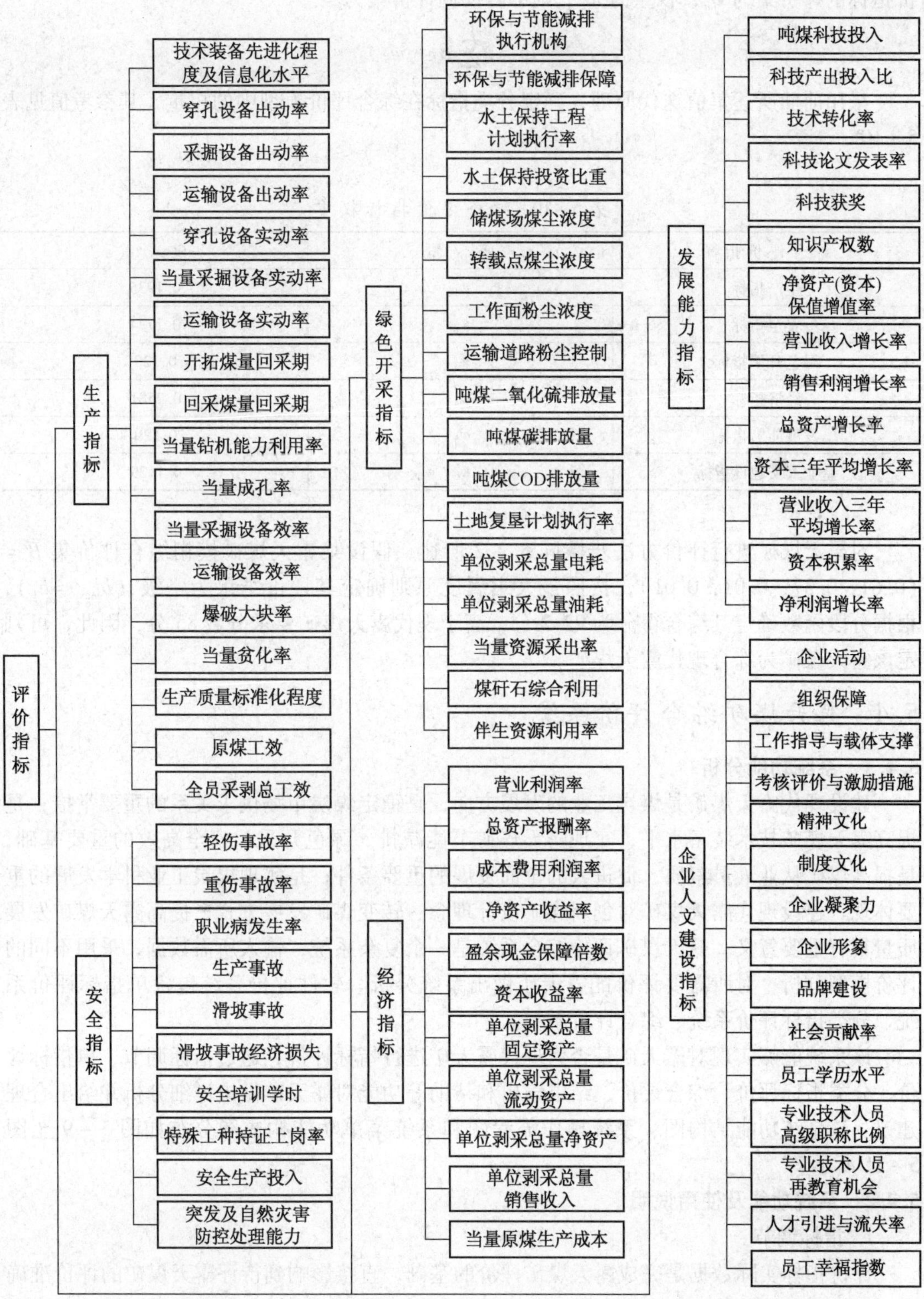

图5－8　综合评价指标体系

价指标的评价集为 B_k，权重为 w_k，则综合模糊评价集为

$$B = \sum_{k=1}^{6} B_k \cdot w_k$$

采用前面所述集值迭代原理，确定分类指标在综合评价模型中的权重，其参考值见表5－10。

表5－10　综合评价指标权重

综合评价指标	变　量	权　重
生产指标	w_1	0.1935
安全指标	w_2	0.1774
绿色开采指标	w_3	0.129
经济指标	w_4	0.2581
发展能力指标	w_5	0.129
企业人文建设指标	w_6	0.1129

对露天煤矿进行评价方法步骤同5.2.2所述，假设某露天煤矿模糊综合评价集 $B=(0.61, 0.37, 0.01, 0.01)$，按照最大隶属度原则确定其评价结果为一级（$b_{max}=b_1$），根据分段函数确定其综合得分为92.2分，高于现代露天煤矿要求分数85分，因此，可判定该露天煤矿为综合现代露天煤矿。

5.4　露天煤矿综合评价系统

5.4.1　系统功能分析

建设现代露天煤矿是煤炭工业的发展方向，是稳定煤炭市场供求关系的重要举措；是提高露天煤矿技术装备水平，实现露天煤矿节能减排、绿色开采、安全高效的重要基础；是提高煤矿从业人员素质，促进人的全面发展的重要条件；是实现煤炭工业科学发展的重要体现。建设现代露天煤矿对创新煤矿设计理念、转变煤矿发展方式，提高露天煤矿发展质量具有重要意义。露天煤矿评价综合系统是一个复杂系统，输入所需数据，采用不同的评价模型分析，对所需要评价的露天矿做出系统分析。软件评价系统包含单指标评价系统、分类指标评价系统、综合评价系统。

该系统能够实现对露天矿是否为现代露天矿进行指标评价，通过指标调节、单指标评价、分类指标评价、综合评价、结果输出和帮助等功能对露天矿做出详细分析并给出合理建议。该系统功能结构图、系统操作流程图和系统菜单功能构成图分布如图5－9至图5－11所示。

5.4.2　系统功能及使用说明

1. 指标调节

评价指标实际数据是完成露天煤矿评价的基础，直接影响到待评露天煤矿的评价准确性，指标调节的功能是实现露天煤矿实际指标数据的录入及指标调节。

1）输入指标到EXCEL

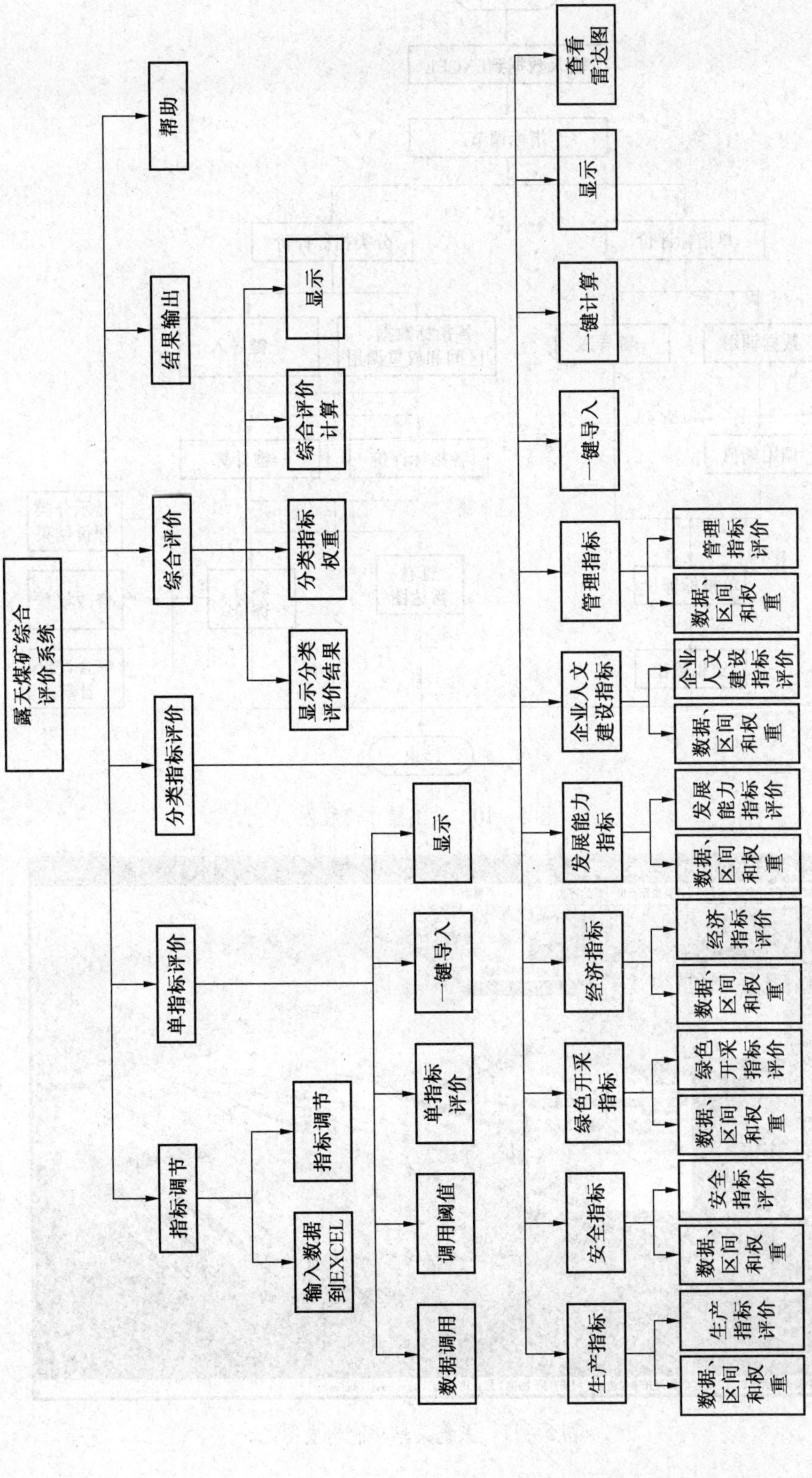
露天煤矿综合评价系统
帮助
结果输出
综合评价
分类指标评价
单指标评价
指标调节
显示
综合评价计算
分类指标权重
显示分类评价结果
显示
一键导入
单指标评价
调用阈值
数据调用
指标调节
输入数据到EXCEL
查看雷达图
显示
一键计算
一键导入
管理指标
企业人文建设指标
发展能力指标
经济指标
绿色开采指标
安全指标
生产指标
数据、区间和权重
管理指标评价
企业人文建设指标评价
发展能力指标评价
经济指标评价
绿色开采指标评价
安全指标评价
生产指标评价

图 5-9 功能结构图

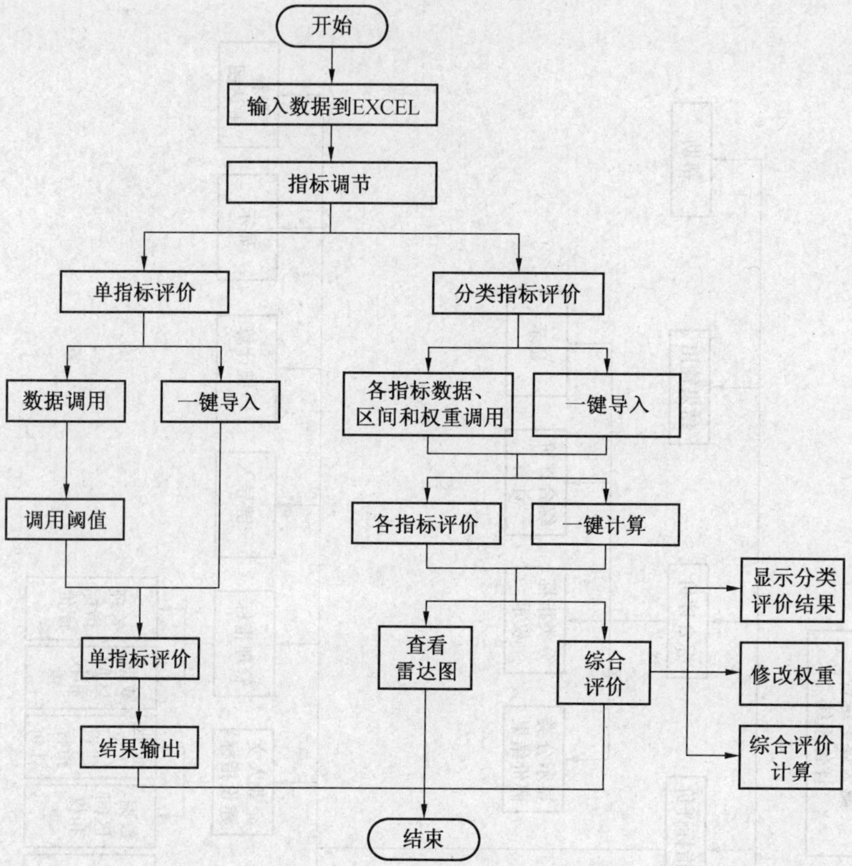

图5－10　系统操作流程图

图5－11　系统菜单功能构成图

系统软件包中预存系统识别的EXCEL数据库文件，在EXCEL中需要读取的各表已按可识别名称和格式设定好，各分类表中数据与单指标各数据相关联，用户只需在“单指标评价实际数据”中填入实际数据，其他各表内容即分类获得，用户不能随意更改。点击“输入指标到EXCEL”，系统打开既定格式的EXCEL数据库文件如图5－12所示。

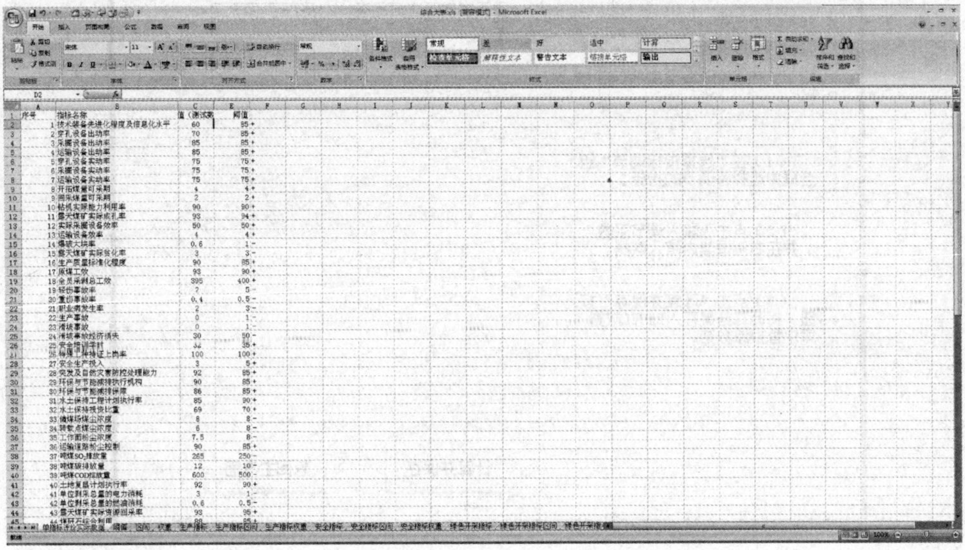

图5－12 EXCEL数据库格式

2）指标调节

指标调节的功能是将不在同一层次的评价指标调整具有可比性的数据，点击“指标调节”后，弹出调节评价指标窗体如图5－13所示。在选择均衡指标组合框中选择要调节的指标，窗体中会出现与该指标调节相对应的调节参数框体，根据实际情况选择/输入相应参数，计算后的指标调节结果被存入EXCEL中替换为相应的当量指标，依次完成所有需要调节的指标调节功能。打开数据库窗口如图5－14所示。

2. 单指标评价

当实际数据和阈值均导入窗体后，单指标评价按钮被激活，表示可以进行单指标评价。计算完成后的结果以序号和指标名称的形式被系统记录存储下来，用做两方面：①在单指标评价窗体中显示，供直接查找；②以标识符的形式写入ACCESS措施数据库，控制结果输出功能，并激活“结果输出”按钮。

当单指标评价窗体不慎关闭时，可点击“显示”按钮查看窗体（图5－15）。

3. 分类指标评价

分类指标评价是从生产、安全、绿色开采、经济、发展能力、企业人文建设、管理等方面分类考察露天煤矿情况（图5－16）。各类按钮下拉菜单功能基本一致，可分别导入各类指标的数据、区间和权重并在窗体上显示，导入后自动激活计算按钮功能，计算结果一并显示在窗体中。另外，在单独导入各类指标的基础上增加了一键导入和一键计算功能，

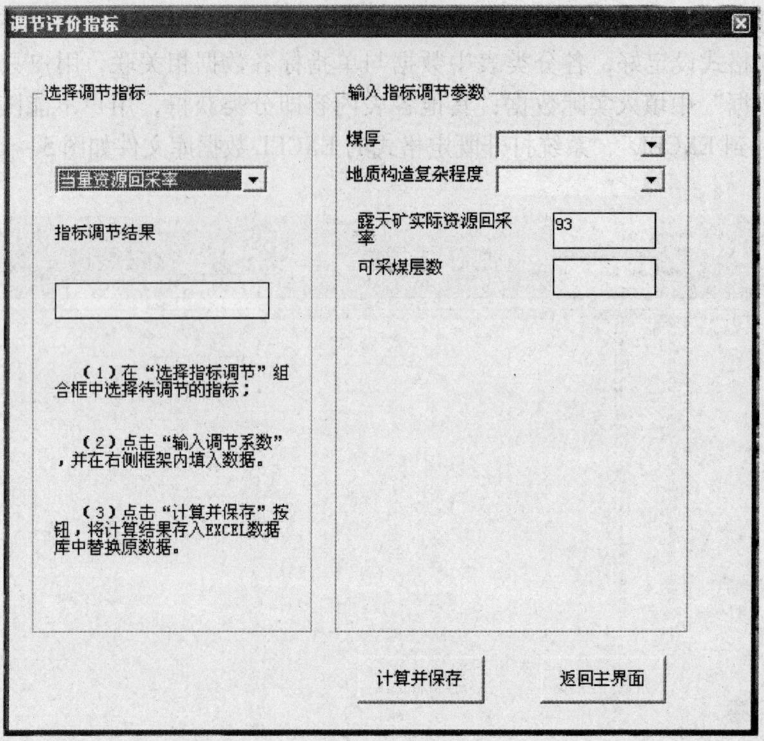

图 5－13　调节评价指标窗体

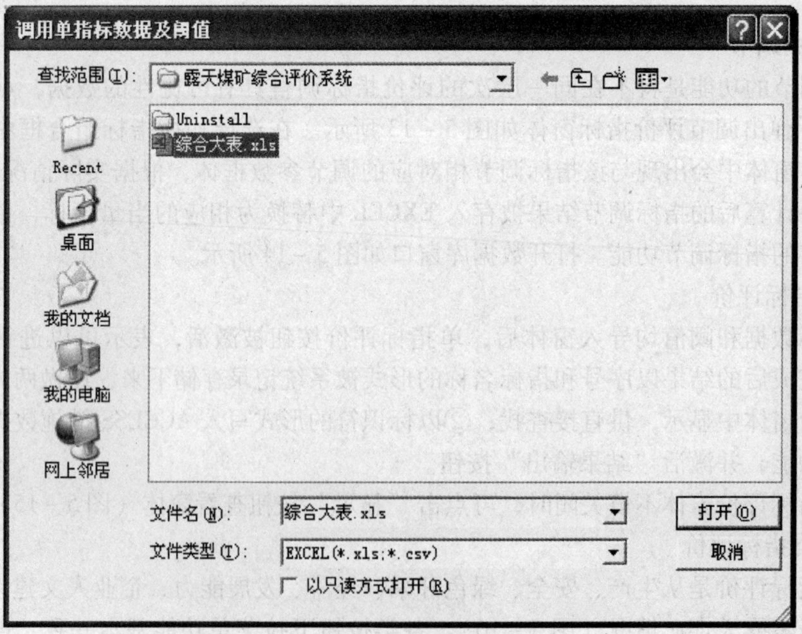

图 5－14　打开数据库窗口

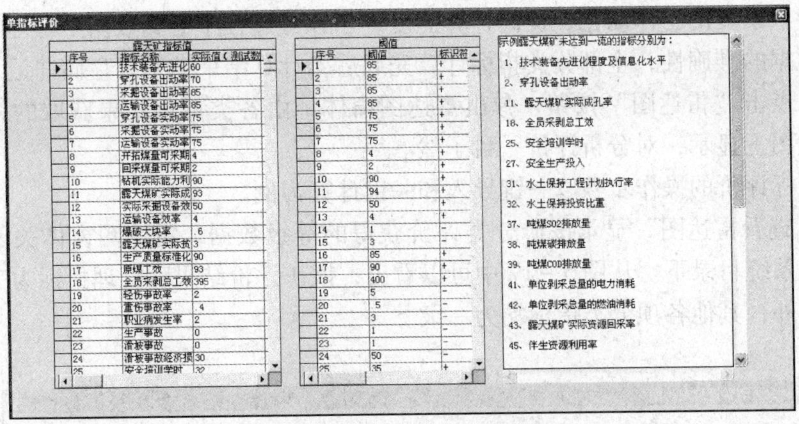

图 5-15 单指标评价窗体

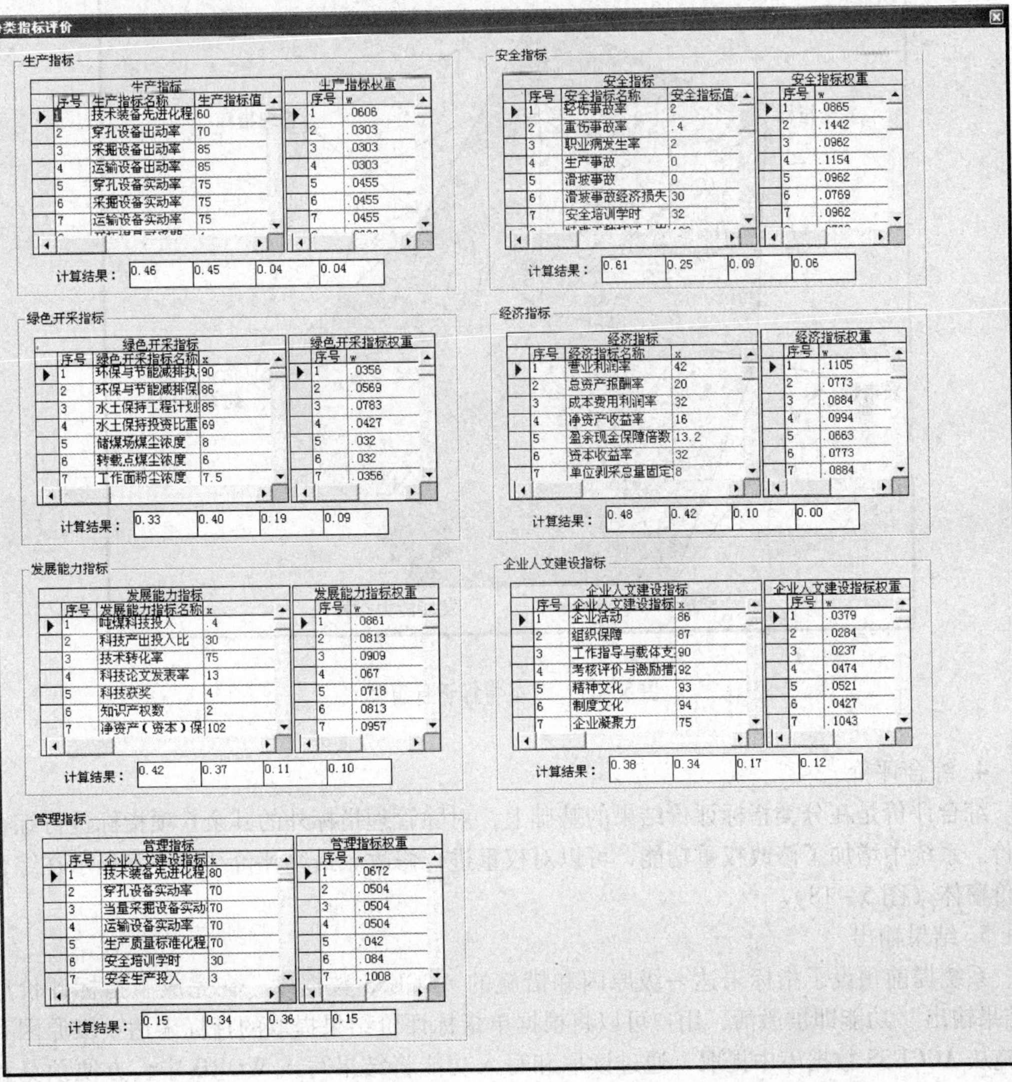

图 5-16 分类指标评价窗体

可将多次导入繁复的工作简化，提高计算速度。当计算过程中遇到数据不合理时系统提示用户核查数据的准确性，全部分类指标计算完成后，计算结果被系统存储并记录，激活雷达图功能。点击“雷达图”按钮，弹出雷达图窗体，由各类评价结果获取的评价等级直观地在雷达图上显示，对分析评价一目了然。

分类指标评价的操作步骤以一键导入和一键计算为例。

点击“查看雷达图”显示该矿分类评价获得的等级数据，雷达图窗体关闭后，自动保存图片到系统目录下。从图 5-17 中可以看出，该矿评价结果除管理指标为三级和绿色指标为二级外，其他各项分类指标均为一级。

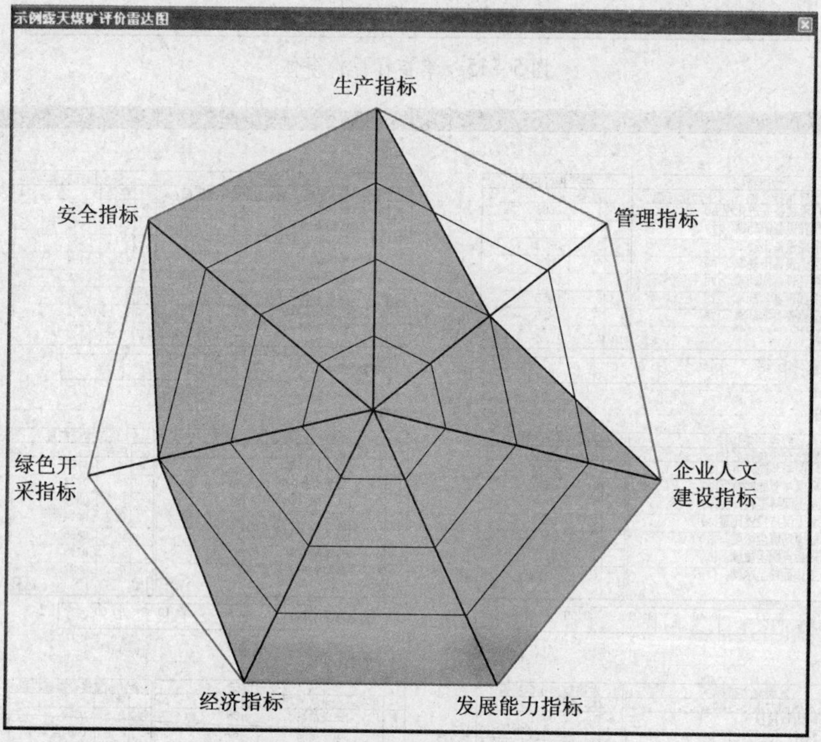

图 5-17　分类指标评价窗体

4. 综合评价

综合评价是在分类指标评价结果的基础上，对除管理指标外的其余 6 项指标进行综合评价。系统中增加了修改权重功能，可以对权重进行修改。最终评价结果一并显示在综合评价窗体（图 5-18）。

5. 结果输出

系统提前预设了指标未达一级原因和措施的 ACCESS 数据库，在完成单指标评价后“结果输出”功能即被激活，用户可以将根据单指标评价结果提取的指标未达一级原因和措施从 ACCESS 数据库中提取，通过读取和写入功能将结果写入 WORD 中，方便预览和打印，如图 5-19 所示。

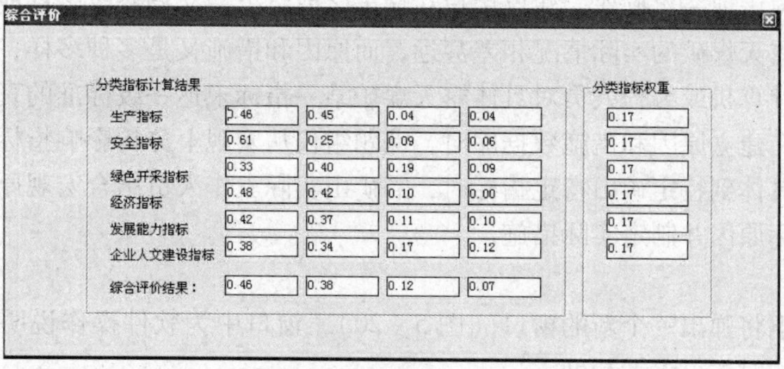

图 5－18　综合评价窗体

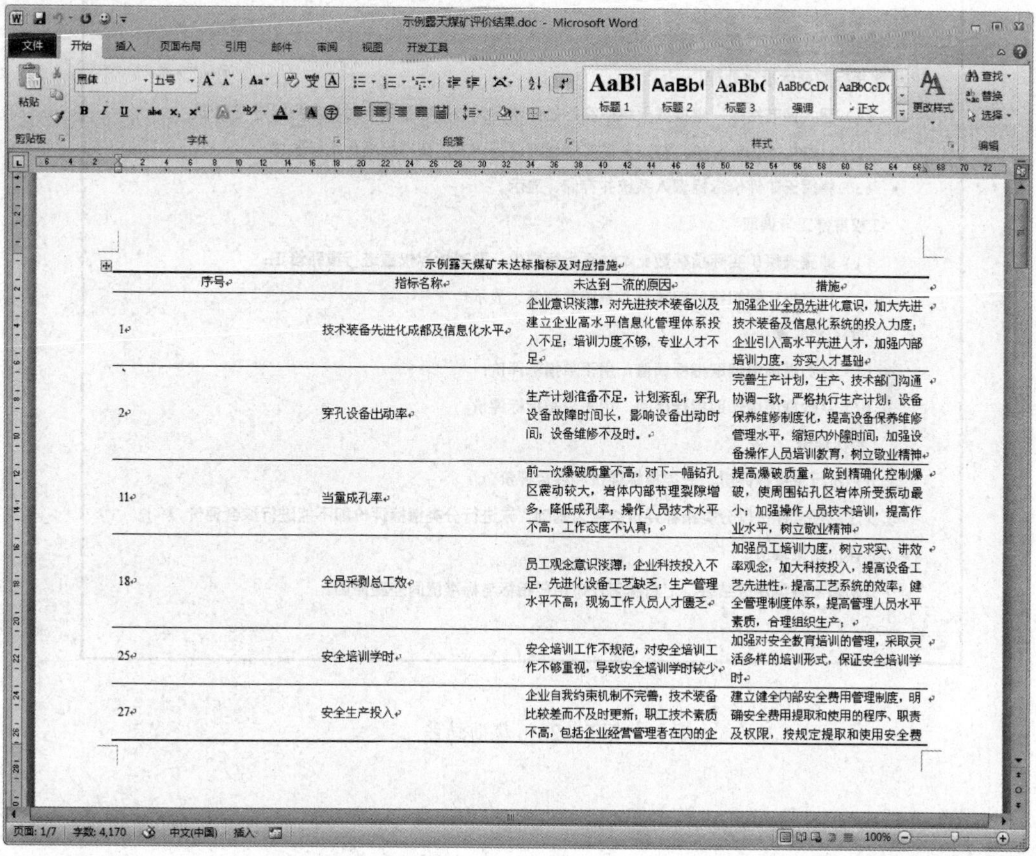

示例露天煤矿未达标指标及对应措施

序号	指标名称	未达到一流的原因	措施
1	技术装备先进化成都及信息化水平	企业意识淡薄，对先进技术装备以及建立企业高水平信息化管理体系投入不足；培训力度不够，专业人才不足	加强企业全员先进化意识，加大先进技术装备及信息化系统的投入力度；企业引入高水平先进人才，加强内部培训力度，夯实人才基础
2	穿孔设备出动率	生产计划准备不足，计划紊乱；穿孔设备故障时间长，影响设备出动时间；设备维修不及时。	完善生产计划，生产、技术部门沟通协调一致，严格执行生产计划；设备保养维修制度化，提高设备保养维修管理水平，缩短内外障时间，加强设备操作人员培训教育，树立敬业精神
11	当量成孔率	前一次爆破质量不高，对下一幅钻孔区震动较大，岩体内部节理裂隙增多，降低成孔率；操作人员技术水平不高，工作态度不认真；	提高爆破质量，做到精确化控制爆破，使周围钻孔区岩体所受振动最小；加强操作人员技术培训，提高作业水平，树立敬业精神
18	全员采剥总工效	员工观念意识淡薄；企业科技投入不足，先进化设备工艺缺乏；生产管理水平不高；现场工作人员人才匮乏	加强员工培训力度，树立求实、讲效率观念；加大科技投入，提高设备工艺先进性，提高工艺系统的效率；健全管理制度体系，提高管理人员水平素质，合理组织生产；
25	安全培训学时	安全培训工作不规范，对安全培训工作不够重视，导致安全培训学时较少	加强对安全教育培训的管理，采取灵活多样的培训形式，保证安全培训学时
27	安全生产投入	企业自我约束机制不完善；技术装备比较差而不及时更新；职工技术素质不高，包括企业经营管理者在内的企	建立健全内部安全费用管理制度，明确安全费用提取和使用的程序、职责及权限，按规定提取和使用安全费

图 5－19　评价结果输出文档

在系统写入 WORD 功能时，系统禁止操作，同时为避免在写入过程中出现问题影响用户正在编辑的其他文档，请将正操作的其他 WORD 文档暂时关闭。另外，如果因用户反复操作对同一露天煤矿进行评价或未输入露天矿名（系统统一默认为“未知”），为免反复输出结果覆盖前一次操作，建议用户在输出之前将上一文档修改名称或备份。

由于各个露天煤矿的实际情况相差甚远，而原因和措施又是多种多样，作为评价标准的内置模块，计算机或编程人员对具体露天煤矿某一指标未达一级标准的真实原因的了解不可能全面。在建立原因和措施数据库时，课题组仅从宏观上分析影响指标等级的原因和改进措施。而具体到特定矿山特定指标时，需矿山实际工作人员结合宏观原因和措施有针对性地寻找实际原因并制定实际措施。

6. 帮助

帮助菜单下将弹出一个新的窗口（图 5－20），窗口中为软件操作说明，如有在使用软件不甚明确的时候可参考帮助。

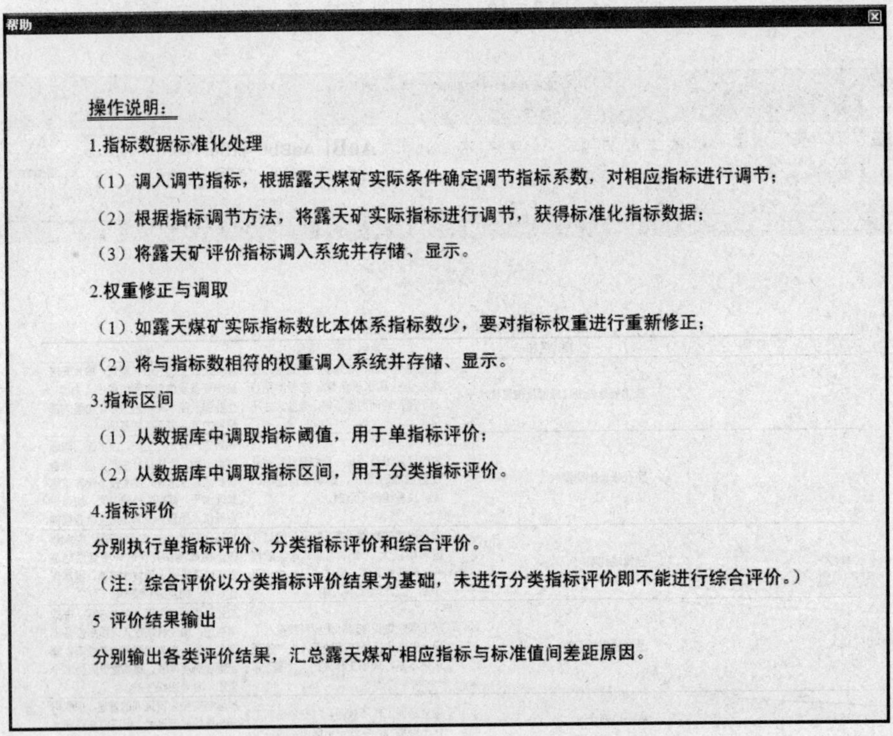

帮助
操作说明：
1.指标数据标准化处理
（1）调入调节指标，根据露天煤矿实际条件确定调节指标系数，对相应指标进行调节；
（2）根据指标调节方法，将露天矿实际指标进行调节，获得标准化指标数据；
（3）将露天矿评价指标调入系统并存储、显示。
2.权重修正与调取
（1）如露天煤矿实际指标数比本体系指标数少，要对指标权重进行重新修正；
（2）将与指标数相符的权重调入系统并存储、显示。
3.指标区间
（1）从数据库中调取指标阈值，用于单指标评价；
（2）从数据库中调取指标区间，用于分类指标评价。
4.指标评价
分别执行单指标评价、分类指标评价和综合评价。
（注：综合评价以分类指标评价结果为基础，未进行分类指标评价即不能进行综合评价。）
5 评价结果输出
分别输出各类评价结果，汇总露天煤矿相应指标与标准值间差距原因。

图 5－20　帮助功能

6 现代露天煤矿评价案例

6.1 现代露天煤矿生产指标评价

为了研究探讨建立的现代露天煤矿评价指标评价方法的适用性，分别以国内5个大型露天煤矿为研究对象，调研各露天煤矿生产指标并根据评价指标调节修正相关当量指标，获得各露天矿生产指标数据，见表6-1。

表6-1 露天煤矿生产指标数据表

序号	指标名称	A矿	B矿	C矿	D矿	E矿
1	技术装备先进化程度及信息化水平	100	95	89	95	88
2	穿孔设备出动率	63.98	41	88.43	—	80
3	采掘设备出动率	74.78	83.93	92.13	95.00	80.00
4	运输设备出动率	77.18	60.79	87.94	90.00	85.00
5	穿孔设备实动率	43.66	30.00	71.17	—	70.00
6	采掘设备实动率	52.43	60.13	69.33	90.00	70.00
7	运输设备实动率	57.32	46.93	74.71	85.00	75.00
8	开拓煤量可采期	4.00	4.19	1.45	8.00	3.00
9	回采煤量可采期	4.00	2.08	0.93	4.00	1.00
10	当量钻机能力利用率	73.44	70.00	66.00	—	70.00
11	当量成孔率	86.42	90.00	95.00	—	99.00
12	当量采掘设备效率	56.75	31.54	9.66	33.50	125.00
13	运输设备效率	3.31	2.99	0.11	8.50	1.12
14	爆破大块率	3	5	4	—	3
15	当量贫化率	13.64	4.30	5.00	6.00	7.00
16	生产质量标准化程度	94	96	100	95	90
17	原煤工效	66.48	105.48	162.00	126.00	56.02
18	全员采剥总工效	297	345	510	217	450

另外，由于露天煤矿实际生产情况的不同，其实际生产指标数量小于评价模型中指标数量。因此，按照前文所述的指标动态调节方法，依据上一级指标特点调整指标的权重，通过计算获得5个露天煤矿的生产指标评价结果见表6-2。从各露天煤矿生产指标模糊评价集中可以看出，各露天煤矿的最大隶属度均为一级，同时采用线性内插法确定了各露

天煤矿生产指标评价得分。

表6-2 露天煤矿生产指标计算结果汇总

露天煤矿	模糊评价集				得分
	一级	二级	三级	四级	
A矿	0.32	0.24	0.26	0.18	86.4分
B矿	0.34	0.26	0.19	0.22	86.8分
C矿	0.37	0.24	0.13	0.26	87.4分
D矿	0.61	0.20	0.10	0.09	92.2分
E矿	0.31	0.30	0.17	0.22	86.2分

6.2 现代露天煤矿综合评价

6.2.1 露天煤矿评价数据获取

我国适合露天开采的煤田具有明显的区域性特征，以及明显的多煤层近水平赋存特点且煤层厚度大，同一煤田被划分为多个露天煤矿独立开采。因此，即使处于同一煤田的多个露天煤矿，由于其生产组织管理模式、生产工艺、产量规模等的不同，各露天煤矿在生产、安全、绿色等分类指标及综合评价中表现出较大的差异性。

X矿、Y矿为位于我国西部某煤田的两座露天煤矿，两矿年原煤生产能力均超30 Mt，是当前我国露天采煤行业中生产能力较大的两座露天煤矿。两矿在地质条件方面具有极大的相似性，显著差别主要体现在开采工艺上的不同，采用本书中构建的现代露天煤矿评价模型对X、Y两矿进行分析。通过统计分析、走访调研及矿管理部门自评自测等方式，最终获得了两矿的评价指标基本数据，其中两矿基础指标见表6-3，两矿量化指标体系得分见表6-4。

表6-3 X、Y两矿基础指标统计

序号	基础指标名称	X 矿	Y 矿
1	采用的开采工艺及对应的年工作量	单斗剥离系统：69372547 m^3 拉斗铲系统：24891502 m^3 采煤系统：21214362 m^3	单斗剥离系统：102334210 m^3 采煤系统：24447139 m^3
2	地质资源条件等级	优	优
3	生产剥采比	3.87 m^3/t	4.21 m^3/t
4	地形复杂程度	简单	简单
5	地层岩性（岩石普氏系数）	粉砂岩、细砂岩（2.4），中砂岩、粗砂岩（2.565），泥岩、粉砂岩（2.37），中砂岩、粗砂岩（2.88），粉砂岩、细砂岩（3.2），粗砂岩（2.38），泥岩、粉砂岩、细砂岩（2.63），煤（1.42），粉砂岩、泥岩（3.77）	

表6-3（续）

序号	基础指标名称	X 矿	Y 矿
6	水文地质条件	简单	简单
7	矿田范围内煤层数及煤层厚度	A(0.34 m)、B(0.98 m)、C(2.19 m)、D(28.8 m)、E(0.6 m)、F(3.67 m)、G(0.47 m)	
8	可采煤层数	C(2.19 m)、D(28.8 m)、F(3.67 m)	
9	地质构造复杂程度	简单	简单
10	煤层赋存条件	简单	简单
11	爆破效果评价等级	优	优

表6-4　X、Y两矿实际评价指标

序号	指标名称	X矿	Y矿	数值单位说明
1	技术装备先进化程度及信息化水平	97	97	—
2	穿孔设备出动率/%	81.80	85.31	设备出动率=出动时间/在籍时间
3	采掘设备出动率/%	80.48	83.29	
4	运输设备出动率/%	84.69	88.64	
5	穿孔设备实动率/%	34.15	47.35	设备实动率=实际工作时间/在籍时间
6	采掘设备实动率/%	58.94	61.23	
7	运输设备实动率/%	62.66	52.19	
8	开拓煤量可采期/月	2.01	4.15	开拓煤量回采期=开拓煤量/露天煤矿月生产能力
9	回采煤量可采期/月	2.01	1.11	回采煤量回采期=回采煤量/露天煤矿月生产能力
10	钻机实际能力利用率/%	100	68	钻机能力利用率=钻机实际能力/钻机设计能力×100%
11	露天煤矿实际成孔率/%	96.5	98.5	依据矿企统计情况核定
12	实际采掘设备效率/($m^3 \cdot m^{-3} \cdot h^{-1}$)	37.170	31.952	采掘设备效率=每小时挖掘物料体积/斗容
13	运输设备效率/($m^3 \cdot km \cdot t^{-1} \cdot h^{-1}$)	3.57	2.98	运输设备效率=每小时实际装载量×运距/载重
14	爆破大块率/%	0.3	2.5	爆破大块率=大块量/爆破量
15	露天煤矿实际贫化率/%	28.84	21.95	贫化率=矸石混入量/(煤炭采出量-矸石混入量)
16	生产质量标准化程度	100	91	—
17	原煤工效/($t \cdot 工^{-1}$)	83.95	102.57	原煤工效=报告期露天原煤产量/报告期原煤生产人员实际工作工日数

表6-4（续）

序号	指标名称	X矿	Y矿	数值单位说明
18	全员采剥总工效/($t \cdot 工^{-1}$)	204.14	264.02	全员采剥总工效=报告期内露天矿剥采总量/露天矿全员出勤人数×设计年工作日
19	轻伤事故率/‰	1.82648	0	（百万工时）轻伤事故率=轻伤人数/实际总工时×106
20	重伤事故率/‰	0.45662	0	（百万工时）重伤事故率=重伤人数/实际总工时×106
21	职业病发生率/%	0	0	职业病发生率=报告期新增患职业病人数/员工总数
22	生产事故/次	5	0	—
23	滑坡事故/次	0	0	—
24	滑坡事故经济损失/万元	0	0	—
25	安全培训学时/($学时 \cdot 人^{-1}$)	40	72	—
26	特殊工种持证上岗率/%	100	100	特殊工种持证上岗率=持证上岗人数/总上岗人数×100%
27	安全生产投入/($元 \cdot t^{-1}$)	3	3	—
28	突发及自然灾害防控处理能力	100	100	—
29	环保与节能减排执行机构	100	100	—
30	环保与节能减排保障	100	100	—
31	水土保持工程计划执行率/%	100	100	水土保持工程计划执行率=当年实施工程数/计划工程数×100%
32	水土保持投资比重/%	100	57	水土保持投资执行率=当年实施投资额(万元)/全年环境保护总投资×100%
33	储煤场煤尘浓度/($mg \cdot m^{-3}$)	2.014	2.004	—
34	转载点煤尘浓度/($mg \cdot m^{-3}$)	2.244	2.102	—
35	工作面粉尘浓度/($mg \cdot m^{-3}$)	3.214	3.110	—
36	运输道路粉尘控制	100	100	—
37	吨煤二氧化硫排放量/($g \cdot t^{-1}$)	3.2024	2.54368	吨煤二氧化硫排放量=报告期内二氧化硫排放量/原煤产量
38	吨煤碳排放量/($kg \cdot t^{-1}$)	61.2806	28.5412	吨煤碳排放量=报告期内碳排放量/原煤产量
39	吨煤COD排放量/($g \cdot t^{-1}$)	2.17871	0	COD排放量=报告期内COD排放量/原煤产量
40	土地复垦计划执行率/%	100	100	土地复垦计划执行率=年度土地复垦计划实际实施数/年度土地复垦计划指标数×100%
41	单位剥采总量的电力消耗/($kWh \cdot m^{-3}$)	0.52243	0.38861	单位剥采总量的电力消耗=报告期内电力消耗量/期内剥采总量

表6-4（续）

序号	指 标 名 称	X矿	Y矿	数 值 单 位 说 明
42	单位剥采总量的燃油消耗/($kg \cdot m^{-3}$)	0.40713	0.39553	单位剥采总量的燃油消耗＝报告期内燃油消耗量/期内剥采总量
43	露天煤矿实际资源采出率/%	98.27	98.01	—
44	煤矸石综合利用	75	71	—
45	伴生资源利用率/%	—	35	—
46	营业利润率/%	13.35	15.75	营业利润率＝营业利润/营业收入×100%
47	总资产报酬率/%	5.35	6.03	总资产报酬率＝（利润总额＋利息支出）/平均资产总额×100%
48	成本费用利润率/%	14.32	18.39	成本费用利润率＝利润总额/成本费用总额×100% 成本费用总额＝营业成本＋营业税金及附加＋销售费用＋管理费用＋财务费用
49	净资产收益率/%	5.22	5.12	净资产收益率＝净利润/平均净资产×100% 平均净资产＝（年初所有者权益＋年末所有者权益）/2
50	盈余现金保障倍数/倍	4.81	34.00	盈余现金保障倍数＝经营现金净流量/净利润
51	资本收益率/%	8.46	5	资本收益率＝净利润/平均资本×100%，平均资本＝[（实收资本年初数＋资本公积年初数）+（实收资本年末数＋资本公积年末数）]/2
52	单位剥采总量固定资产/(元$\cdot m^{-3}$)	15.7836	27.8940	单位剥采总量固定资产＝固定资产/期内剥采总量
53	单位剥采总量流动资产/(元$\cdot m^{-3}$)	0.13642	0.13466	单位剥采总量流动资产＝流动资产/期内剥采总量
54	单位剥采总量净资产/(元$\cdot m^{-3}$)	22.7644	40.6126	单位剥采总量净资产＝净资产/期内剥采总量
55	单位剥采总量销售收入/(元$\cdot m^{-3}$)	37.66	36.07	单位剥采总量销售收入＝销售收入/期内剥采总量
56	当量原煤生产成本/(元$\cdot t^{-1}$)	92.86	98.40	—
57	吨煤科技投入/(元$\cdot t^{-1}$)	0.11228	0.03574	吨煤科技投入＝科技总投入/煤炭产量
58	科技产出投入比	1.2	1.2	科技产出投入比＝科技产出/科技总投入
59	技术转化率/%	66.66	66.67	—
60	科技论文发表率/%	19.403	25	—

表6-4（续）

序号	指标名称	X矿	Y矿	数值单位说明
61	科技获奖数/个	2	5	科技获奖数以报告期前5年为考核对象
62	知识产权数/个	21	21	—
63	净资产（资本）保值增值率/%	105.23	106.01	资本保值增值率=扣除客观因素后的期末所有者权益/年初所有者权益×100%
64	营业收入增长率/%	-14.53	-18.67	营业收入增长率=本年营业收入增长额/上年营业收入总额×100%
65	销售利润增长率/%	-44.79	-59.31	销售利润增长率（营业利润增长率）=本年营业利润增长额/上年营业利润总额×100%
66	总资产增长率/%	9.81	11.7	总资产增长率=本年总资产增长额/年初资产总额×100%
67	资本三年平均增长率/%	8.99	1.15	资本三年平均增长率=$[(年末所有者权益/三年前末所有者权益)^{\frac{1}{3}}-1]\times100\%$
68	营业收入三年平均增长率/%	-8.35	1.01	营业收入三年平均增长率=$[(当年营业收入总额/三年前营业收入总额)^{\frac{1}{3}}-1]\times100\%$
69	资本积累率/%	5.23	6	资本积累率=本年所有者权益增长额/年初所有者权益×100%
70	净利润增长率/%	-47.61	-63.58	净利润增长率=本年净利润增长额/上年净利润×100%
71	企业活动	100	100	—
72	组织保障	100	100	—
73	工作指导与载体支撑	100	100	—
74	考核评价与激励措施	100	100	—
75	精神文化	100	100	—
76	制度文化	100	100	—
77	企业凝聚力	94	94	—
78	企业形象	100	100	—
79	品牌建设	100	100	—
80	社会贡献率/%	0	0	社会贡献率=社会贡献总额/平均资产总额×100%
81	员工学历水平/%	42.45	59.53	员工学历水平=大中专以上学历的人员/露天矿全矿在册人员×100%

表6-4（续）

序号	指标名称	X矿	Y矿	数值单位说明
82	专业技术人员高级职称比例/%	8.00	16.87	专业技术人员高级职称比例=高级及以上职称专业技术人员/露天煤矿专业技术人员数×100%
83	专业技术人员再教育机会/%	56.25	56.00	专业技术人员再教育机会=露天矿专业技术人员每年接受再教育及培训人次/露天矿专业技术人员人数×100%
84	人才引进与流失率/%	-5	0	人才引进与流失率=露天矿主动从外单位引进或流失到外单位的工作三年以上的本科以上学历的人数/当年招聘总人数×100%
85	员工幸福指数/%	100	100	通过实际调查分析获得

6.2.2 露天煤矿评价结果

依据现代露天煤矿评价模型及构建的评价系统，结合X、Y两露天煤矿实际指标数据，分析获得X、Y两矿分层次的指标评价结果见表6-5和表6-6。

表6-5 X矿单指标未达到指标标杆值的指标

序号	指标名称	序号	指标名称	序号	指标名称
2	穿孔设备出动率	35	工作面粉尘浓度	59	技术转化率
3	采掘设备出动率	38	吨煤碳排放量	61	科技获奖
4	运输设备出动率	44	煤矸石综合利用	63	净资产（资本）保值增值率
5	穿孔设备实动率	46	营业利润率	64	营业收入增长率
6	当量采掘设备实动率	47	总资产报酬率	65	销售利润增长率
7	运输设备实动率	48	成本费用利润率	66	总资产增长率
8	开拓煤量可采期	49	净资产收益率	67	资本三年平均增长率
11	当量成孔率	50	盈余现金保障倍数	68	营业收入三年平均增长率
12	当量采掘设备效率	51	资本收益率	69	资本积累率
13	运输设备效率	52	单位剥采总量固定资产	70	净利润增长率
15	当量贫化率	54	单位剥采总量净资产	80	社会贡献率
17	原煤工效	55	单位剥采总量销售收入	82	专业技术人员高级职称比例
18	全员采剥总工效	56	当量原煤生产成本	84	人才引进与流失率
22	生产事故	57	吨煤科技投入		
27	安全生产投入	58	科技产出投入比		

表6-6 Y矿单指标未达到指标标杆值的指标

序号	指标名称	序号	指标名称	序号	指标名称
3	采掘设备出动率	32	水土保持投资比重	59	技术转化率
5	穿孔设备实动率	35	工作面粉尘浓度	63	净资产（资本）保值增值率
6	当量采掘设备实动率	38	吨煤碳排放量	64	营业收入增长率
7	运输设备实动率	44	煤矸石综合利用	65	销售利润增长率
9	回采煤量可采期	45	伴生资源利用率	66	总资产增长率
10	当量钻机能力利用率	46	营业利润率	67	资本三年平均增长率
11	当量成孔率	47	总资产报酬率	68	营业收入三年平均增长率
12	当量采掘设备效率	48	成本费用利润率	69	资本积累率
13	运输设备效率	49	净资产收益率	70	净利润增长率
14	爆破大块率	51	资本收益率	80	社会贡献率
15	当量贫化率	55	单位剥采总量销售收入	84	人才引进与流失率
18	全员采剥总工效	57	吨煤科技投入		
27	安全生产投入	58	科技产出投入比		

经过与单指标标杆值比对，确定了X矿未达到一级的指标共计43项，占总指标的51.19%；Y矿未达到一级的指标共计37项，占总指标的43.53%。经分类评价，获得两矿评价结果雷达图如图6-1和图6-2所示。

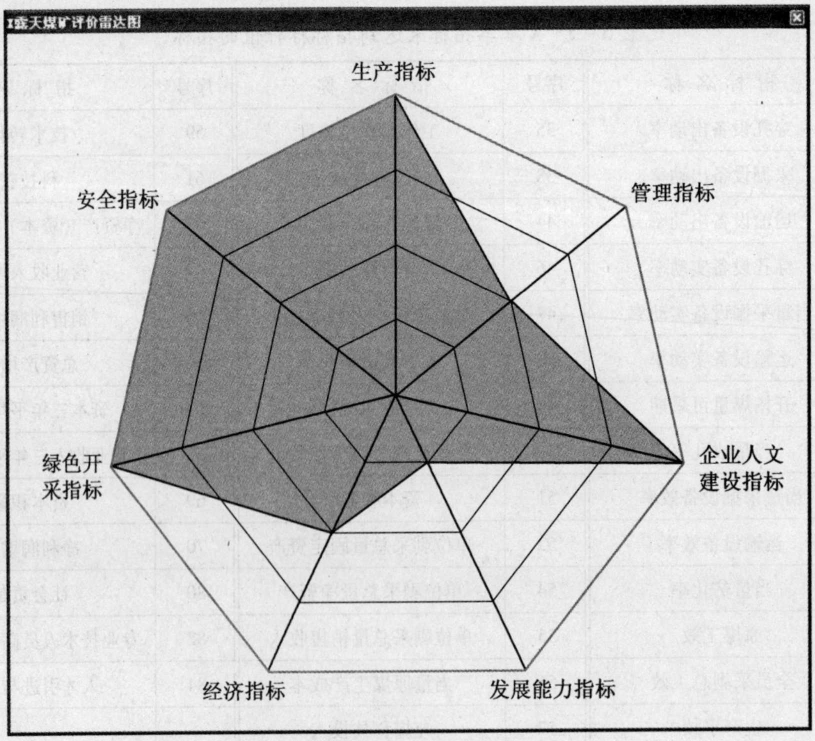

图6-1 X矿分类评价雷达图

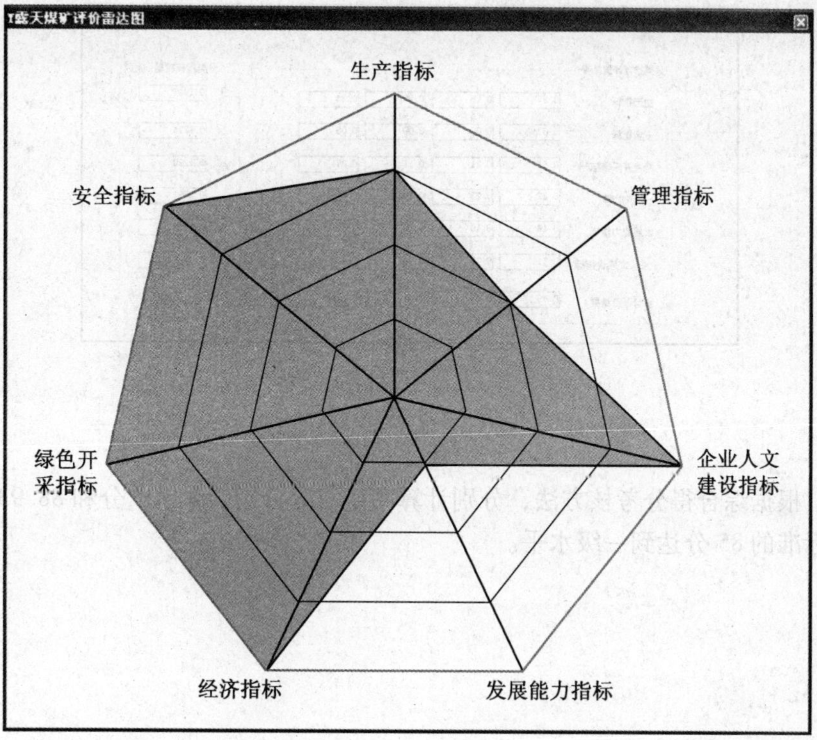

图 6－2　Y 矿分类评价雷达图

从评价结果可以看出，X 矿在生产、安全、绿色和企业人文建设方面达到一级，管理和经济指标为三级，发展能力指标为四级；而 Y 矿在安全、绿色、经济和企业人文建设方面达到一级，生产指标为二级，管理指标为三级，发展能力指标为四级。

两矿综合评价结果如图 6－3 和图 6－4 所示。根据最大隶属度原则其综合评价等级均为一级，但两矿最终模糊评价集的隶属度值差别较大，反映了两矿在不同指标方面存在一

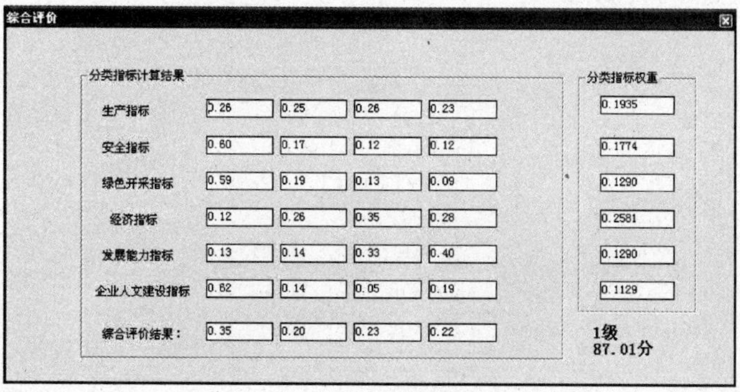

图 6－3　X 矿综合评价结果

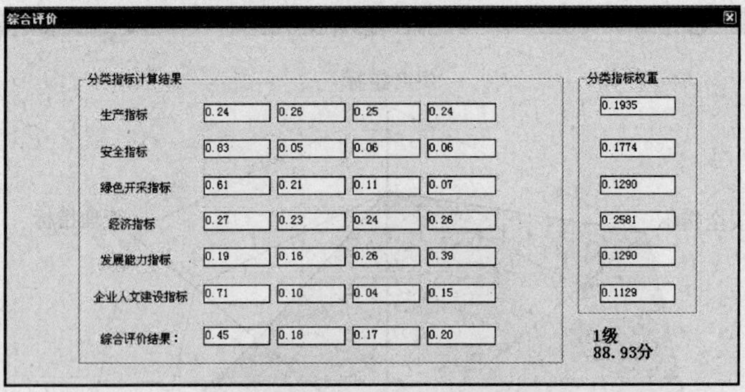

图 6-4　Y 矿综合评价结果

定的差异。根据综合得分考核方法，分别计算两矿得分分别为 87.01 分和 88.93 分，两矿均以大于标准的 85 分达到一级水平。

附表　露天煤矿评价指标分类表

项目	序号	指　标	定　义	计算公式	备　注
	1	技术装备先进化程度及信息化水平	矿山企业对先进设备、技术的使用规模以及企业采用计算机、网络等信息化工具进行矿山管理的规模与水平	—	
	2	穿孔设备出动率	穿孔设备出动时间占设备在籍时间的比重		
	3	采掘设备出动率	采掘设备出动时间占设备在籍时间的比重	出动率 =（在籍总设备数 - 总的维修设备数）/在籍总设备数	出动率是反映露天矿的维修部门在保证设备的完好率上的完善程度和管理水平
	4	运输设备出动率	运输设备出动时间占设备在籍时间的比重		
生产指标	5	穿孔设备实动率	穿孔设备实际动用时间占设备在籍时间的比重		
	6	采掘设备实动率	采掘设备实际动用时间占设备在籍时间的比重	实动率 = 设备净作业时间/班工作时间 =（班工作时间 - 内外障碍影响时间）/班工作时间	实动率则是反映露天矿的生产作业部分在坑内作业场真实作业组织的效率
	7	运输设备实动率	运输设备实际动用时间占设备在籍时间的比重		
	8	开拓煤量回采期	露天煤矿采出已完成了运输道路，不需要再进行剥离就可获得的煤量所需的时间	开拓煤量回采期 = 开拓煤量/露天煤矿月生产能力	
	9	回采煤量回采期	露天煤矿采出上部台阶不需要进行任何矿山工程，在保持最小工作平盘条件下随时可采出的煤量所需的时间	回采煤量回采期 = 回采煤量/露天煤矿月生产能力	
	10	钻机能力利用率	钻机年实际钻进米数与年设计钻进米数的比值	钻机能力利用率 = 钻机实际能力/钻机设计能力 ×100%	

（续）

项目	序号	指　标	定　　义	计算公式	备　　注
生产指标	11	成孔率	每百个钻孔中有用钻孔的个数	—	依据矿企统计情况核定
	12	采掘设备效率	挖掘设备每小时单位斗容采装物料体积	采掘设备效率＝每小时挖掘物料体积/斗容	
	13	运输设备效率	运输设备平均每小时单位载重的运输能力	运输设备效率＝每小时实际装载量×运距/载重	
	14	爆破大块率	爆破产生的大块量占爆破总量的比值	爆破大块率＝大块量/爆破量	
	15	贫化率	开采过程中煤炭内混入废石或低品位的贫矿及块煤被粉碎而引起的煤炭等级下降的程度	贫化率＝矸石混入量/（煤炭采出量－矸石混入量）	
	16	生产质量标准化程度	露天煤矿生产中，对生产作业质量标准化的执行程度，可以从台阶平整度、路面平整度、爆堆等方面考核	—	
	17	原煤工效	露天矿报告期内直接从事原煤生产的生产人员每工日生产的原煤产量	原煤工效＝报告期露天原煤产量/报告期原煤生产人员实际工作工日数	
	18	全员采剥总工效	露天矿报告期内全部出勤人员每工日生产的剥采总量	全员采剥总工效＝报告期内露天矿剥采总量/露天矿全员出勤人数×设计年工作日	
安全指标	19	轻伤事故率	报告期内，每百万工时事故造成轻伤伤害的人数	（百万工时）轻伤事故率＝轻伤人数/实际总工时$\times 10^6$	
	20	重伤事故率	报告期内，每百万工时事故造成重伤伤害的人数	（百万工时）重伤事故率＝重伤人数/实际总工时$\times 10^6$	
	21	职业病发生率	报告期内新增患职业病的人数占员工总数的比例	职业病发生率＝报告期新增患职业病人数/员工总数	

（续）

项目	序号	指　标	定　义	计算公式	备　注
安全指标	22	生产事故	报告期内露天煤矿生产经营活动中发生的造成人身伤亡或者直接经济损失的事故次数	—	
	23	滑坡事故	报告期内露天煤矿发生的影响生产、造成人员伤亡与经济损失的滑坡次数	—	
	24	滑坡事故经济损失	报告期内露天煤矿因滑坡造成的经济损失	—	
	25	安全培训学时	依据国家相关规定，每年对上岗人员进行的安全培训总学时	—	
	26	特殊工种持证上岗率	持证上岗人数与总上岗人数的比值	特殊工种持证上岗率＝持证上岗人数/总上岗人数×100%	
	27	安全生产投入	实际用于生产安全的支出与原煤产量的比值	—	
	28	突发及自然灾害防控处理能力	露天矿应对突发火灾、水灾、地震等的应急处理能力	—	
绿色开采指标	29	环保与节能减排执行机构	露天煤矿设立的为实行环境保护、土地复垦、节能减排等工程的执行管理机构	—	
	30	环保与节能减排保障	露天煤矿为了保证环境保护与节能减排持续有力执行而制定的各种规章制度及保障措施	—	
	31	水土保持工程计划执行率	报告期内实际实施水土保持工程数占计划工程数的比例	水土保持工程计划执行率＝当年实施工程数/计划工程数×100%	
	32	水土保持投资比重	报告期内用于水土保持工程投资占当年环境保护总投资的比值	水土保持投资执行率＝当年实施投资额/全年环境保护总投资×100%	

（续）

项目	序号	指标	定义	计算公式	备注
绿色开采指标	33	储煤场煤尘浓度	—	—	煤炭工业污染物排放标准
	34	转载点煤尘浓度	—	—	煤炭工业污染物排放标准
	35	工作面粉尘浓度	—	—	劳动卫生标准
	36	运输道路粉尘控制	露天煤矿为控制运输道路粉尘而采取的措施	—	
	37	吨煤二氧化硫排放量	报告期内生产一吨煤排放的二氧化硫总量	吨煤二氧化硫排放量=报告期内二氧化硫排放量/原煤产量	
	38	吨煤碳排放量	报告期内生产一吨煤排放的碳总量	吨煤碳排放量=报告期内碳排放量/原煤产量	
	39	吨煤COD排放量	报告期内生产一吨煤排放的COD总量	COD排放量=报告期内COD排放量/原煤产量	
	40	土地复垦计划执行率	报告期当年实施的土地复垦面积占计划实施面积的比例	土地复垦计划执行率=年度土地复垦计划实际实施数/年度土地复垦计划指标数×100%	
	41	单位剥采总量的电力消耗	报告期内露天煤矿生产过程中单位剥采量消耗电量	单位剥采总量的电力消耗=报告期内电力消耗量/期内剥采总量	
	42	单位剥采总量的燃油消耗	报告期内露天煤矿生产过程中单位剥采量消耗燃油量	单位剥采总量的燃油消耗=报告期内燃油消耗量/期内剥采总量	
	43	资源采出率	在工业储量中，设计或实际采出的储量占工业储量的比例	—	
	44	煤矸石综合利用	根据煤矸石的物理化学性质，对其进行综合加工合理利用，包括发电、制砖瓦、水泥、筑路等，还可从煤矸石中回收硫铁矿、高岭土等有用矿物	—	
	45	伴生资源利用率	在露天开采煤炭资源的同时，回收利用的伴生资源量与伴生资源总量的比值	—	

（续）

项目	序号	指标	定义	计算公式	备注
经济指标	46	营业利润率	企业一定期间内实现的营业利润与营业收入的比率	营业利润率 = 营业利润/营业收入 ×100%	营业利润率越高，表明企业市场竞争力越强，发展潜力越大，盈利能力越强
	47	总资产报酬率	企业一定时期内获得的报酬总额与资产平均总额的比率	总资产报酬率 =（利润总额 + 利息支出）/平均资产总额 ×100%	表示企业包括净资产和负债在内的全部资产的总体获利能力，用以评价企业运用全部资产的总体获利能力，是评价企业资产运营效益的重要指标
	48	成本费用利润率	企业一定期间的利润总额与成本、费用总额的比率	成本费用利润率 = 利润总额/成本费用总额 ×100%，成本费用总额 = 营业成本 + 营业税金及附加 + 销售费用 + 管理费用 + 财务费用	表明每付出一元成本费用可获得多少利润，体现了经营耗费所带来的经营成果。该项指标越高，反映企业的经济效益越好
	49	净资产收益率	净利润与平均股东权益的百分比，是公司税后利润除以净资产得到的百分率	净资产收益率 = 净利润/平均净资产 ×100%，平均净资产 =（年初所有者权益 + 年末所有者权益）/2	该指标反映股东权益的收益水平，用以衡量公司运用自有资本的效率。指标值越高，说明投资带来的收益越高
	50	盈余现金保障倍数	企业一定时期经营现金净流量同净利润的比值	盈余现金保障倍数 = 经营现金净流量/净利润	反映了企业当期净利润中现金收益的保障程度，真实地反映了企业的盈余的质量。盈余现金保障倍数从现金流入和流出的动态角度，对企业收益的质量进行评价，对企业的实际收益能力再一次修正
	51	资本收益率	企业一定期间内实现的净利润与平均资本的比例	资本收益率 = 净利润/平均资本 ×100%，平均资本 = [（实收资本年初数 + 资本公积年初数）+（实收资本年末数 + 资本公积年末数）]/2	反映企业实际获得投资额的回报水平
	52	单位剥采总量固定资产	露天煤矿在生产经营过程中，用来改变和影响劳动对象的劳动资料。单位剥采总量固定资产是固定资产与剥采总量的比值	单位剥采总量固定资产 = 固定资产/期内剥采总量	包括企业拥有的（指所有权）的主要劳动资料及用于职工生活福利设施等各项固定资产。具有下列特征：①为生产商品、提供劳务、出租或经营管理而持有的；②使用寿命超过一个会计年度

（续）

项目	序号	指标	定义	计算公式	备注
经济指标	53	单位剥采总量流动资产	可以在一年或者超过一年的一个营业周期内变现或者耗用的资产。单位剥采总量流动资产是流动资产与期内剥采总量的比值	单位剥采总量流动资产＝流动资产/期内剥采总量	
	54	单位剥采总量净资产	资产减去负债，即所有者权益。单位剥采总量净资产是净资产与期内剥采总量的比值	单位剥采总量净资产＝净资产/期内剥采总量	
	55	单位剥采总量销售收入	煤炭企业在销售商品煤经营活动中所形成的经济利益的总流入。单位剥采总量销售收入是销售收入与期内剥采总量的比值	单位剥采总量销售收入＝销售收入/期内剥采总量	
	56	原煤生产成本	生产每吨煤需投入的经济成本	—	
发展能力指标	57	吨煤科技投入	露天煤矿用于科技创新方面的资金投入与煤炭生产总量的比值	吨煤科技投入＝科技总投入/煤炭产量	
	58	科技产出投入比	科技创新产出与用于科技创新的资金总投入的比值	科技产出投入比＝科技产出/科技总投入	
	59	技术转化率	物化科研成果总数与露天矿科技创新投入项目数量之比	—	
	60	科技论文发表率	科技论文发表率指直接从事露天煤矿生产的生产技术人员发表的科技论文数量与直接从事露天煤矿生产的生产技术人员数量的比值	—	
	61	科技获奖数	露天煤矿因重大科技成果获得国家、省部委颁发的科技奖项	—	科技获奖数以报告期前5年为考核对象
	62	知识产权数	年授权新型及发明专利数		
	63	净资产（资本）保值增值率	反映投资者投入企业资本的完整和保全程度的指标	资本保值增值率＝扣除客观因素后的期末所有者权益/年初所有者权益×100%	资本保值增值率是财政部制定的评价企业经济效益的十大指标之一，资本保值增值率反映了企业资本的运营效益与安全状况
	64	营业收入增长率	本年营业收入增长额与上年营业收入总额的比率	营业收入增长率＝本年营业收入增长额/上年营业收入总额×100%	

（续）

项目	序号	指标	定义	计算公式	备注
发展能力指标	65	销售利润增长率	销售利润增长率又称营业利润增长率，是企业本年营业利润增长额与上年营业利润总额的比率，反映企业营业利润的增减变动情况	销售利润增长率（营业利润增长率）= 本年营业利润增长额/上年营业利润总额 ×100%	
	66	总资产增长率	本年总资产增长额与年初资产总额的比率	总资产增长率 = 本年总资产增长额/年初资产总额 ×100%	反映企业本期资产规模的增长情况
	67	资本三年平均增长率	资本三年平均增长率表示企业资本连续三年的积累情况，在一定程度上反映了企业的持续发展水平和发展趋势	资本三年平均增长率 = $[(年末所有者权益/三年前末所有者权益)^{\frac{1}{3}}-1]\times100\%$	
	68	营业收入三年平均增长率	表明企业营业收入连续三年的增长情况，体现企业的持续发展态势和市场扩张能力，尤其能够衡量上市公司持续性盈利能力	营业收入三年平均增长率 = $[(当年营业收入总额/三年前营业收入总额)^{\frac{1}{3}}-1]\times100\%$	
	69	资本积累率	资本积累率即股东权益增长率，是本年所有者权益增长额与年初所有者权益的比率	资本积累率 = 本年所有者权益增长额/年初所有者权益 ×100%	资本积累率表示企业当年资本的积累能力，是评价企业发展潜力的重要指标
	70	净利润增长率	本年净利润增长额与上年净利润的比率	净利润增长率 = 本年净利润增长额/上年净利润 ×100%	
企业人文建设指标	71	企业活动	企业为丰富员工生活，提升员工综合素质，为其提供的业余活动	—	
	72	组织保障	为落实企业文化建设而实施的组织管理措施	—	①明确企业文化建设领导体制；②企业领导定期听取工作汇报、研究解决有关重大问题；③明确企业文化主管部门和人员；④相关部门企业文化建设职责分工明确；⑤对本系统企业文化工作人员进行业务培训；⑥广泛发动员工参与企业文化建设

（续）

项目	序号	指　标	定　义	计算公式	备　注
企业人文建设指标	73	工作指导与载体支撑	为落实企业文化而提供的工作领导方针、政策指导、经费支持及载体支撑		1. 企业文化建设纳入企业发展战略 2. 制定企业文化建设规划或纲要 3. 年度工作有计划、有落实、有检查 4. 组织开展课题研究和专题研讨 5. 开展企业文化主题活动 6. 开展员工企业文化培训、专题教育 7. 充分利用企业各种媒体传播企业文化 8. 企业文化设施建设 9. 开展子文化建设 10. 经费有保障并纳入预算管理
	74	考核评价与激励措施	企业为调动员工积极性采取的精神和物质方面的鼓励措施	—	
	75	精神文化	用以指导企业开展生产经营活动的各种行为规范、群体意识和价值观念，是以企业精神为核心的价值体系	—	1. 明确企业使命（企业宗旨） 2. 确立企业愿景（企业战略目标） 3. 确立企业价值观（企业核心价值观、经营理念） 4. 确立企业精神
	76	制度文化	企业制度文化是人与物、人与企业运营制度的结合部分，它既是人的意识与观念形态的反映，又由一定物的形式所构成	—	1. 企业规章制度健全 2. 企业文化理念融入企业规章制度 3. 建立完善员工岗位责任制 4. 印发员工手册（企业文化手册） 5. 制定新闻危机处理应急预案 6. 建立新闻发布制度
	77	企业凝聚力	企业全体员工团结的状况，全体员工对于共同的企业目标或企业领导的认同程度，是企业基本思想在每个人心目中的体现	—	1. 员工对企业价值理念的认同度 2. 员工对企业发展战略的认知度 3. 员工对与本职工作相关的规章制度的认可度 4. 企业维护员工合法权益 5. 员工对在企业中实现自身价值的满意度 6. 近三年企业职工到上级机关上访等事件

（续）

项目	序号	指标	定义	计算公式	备注
企业人文建设指标	78	企业形象	人们通过企业的各种标志（如产品特点、行销策略、人员风格等）而建立起来的对企业的总体印象，是企业文化建设的核心	—	
	79	社会贡献率	企业社会贡献总额与平均资产总额的比率	社会贡献率=社会贡献总额/平均资产总额×100%	反映企业运用全部资产为国家或社会创造或支付价值的能力
	80	品牌建设	企业对自身品牌的构建	—	
	81	员工学历水平	具有大中专以上学历的人员占露天矿全矿在册人员比例	员工学历水平=大中专以上学历的人员人数/露天矿全矿在册人员人数×100%	
	82	专业技术人员高级职称比例	具有高级及以上职称专业技术人员占专业技术人员数的比例	专业技术人员高级职称比例=高级及以上职称专业技术人员人数/露天煤矿专业技术人员人数×100%	
	83	专业技术人员再教育机会	露天矿专业技术人员每年接受再教育及培训人次占露天矿专业技术人员比例	专业技术人员再教育机会=露天矿专业技术人员每年接受再教育及培训人次/露天矿专业技术人员人数×100%	
	84	人才引进与流失率	因工作需要，露天矿主动从外单位引进或流失到外单位的工作三年以上的本科以上学历的人数占当年招聘总人数的比例	人才引进与流失率=露天矿主动从外单位引进或流失到外单位的工作三年以上的本科以上学历的人数/当年招聘总人数×100%	引进为正，流失为负。如招聘总数为0，即无引进时，为纯流失，以小于0计
	85	员工幸福指数	员工在露天矿工作时需要得到满足、潜能得到发挥、自身价值得到实现、能力得到提升所获得的持续幸福感	—	员工对露天矿的满意程度、忠诚度的体现

参 考 文 献

[1] 李克民，王斌，张幼蒂，等．露天矿半连续工艺系统的应用研究 [J]．露天采矿技术，2005 (5)：9－14.

[2] 车兆学，才庆祥，刘勇．露天煤矿半连续开采工艺及应用技术研究 [M]．徐州：中国矿业大学出版社，2006.

[3] 李克民，张幼蒂，王斌，等．用于露天矿的半连续工艺系统 [J]．有色金属，2005 (11)：90－93.

[4] 李克民，马军，张幼蒂，等．拉斗铲倒堆剥离工艺及在我国应用前景 [J]．煤炭工程，2005 (10)：46－48.

[5] 张幼蒂，李克民，尚涛，等．露天矿倒堆剥离工艺的发展及其应用前景 [J]．中国矿业大学学报，2002，31 (4)：331－344.

[6] 常永刚．安家岭露天煤矿爆破参数优化研究 [D]．徐州：中国矿业大学，2010.

[7] 徐志远，才庆祥，刘宪权．安太堡露天煤矿采区转向过渡若干问题及对策．煤炭工程，2006 (12)：9－12.

[8] 张亮，罗怀廷，刘海平．哈尔乌素露天煤矿西排土场运输系统优化 [J]．露天采矿技术，2012 (S2)：33－34.

[9] 胡存虎，罗怀廷．哈尔乌素露天矿下部开拓运输系统优化研究 [J]．中国煤炭，2014 (S1)：11－14.

[10] 马培忠．霍林河一号露天矿扩建工程开采工艺的优化 [J]．煤炭工程，2006 (05)：5－6.

[11] 刘建国．伊敏露天矿半连续采煤系统工作线延长方案的探讨 [J]．露天采矿技术，2010 (06)：9－10.

[12] 付廷胜，姚志勇，范正祥．伊敏一号露天矿采区转向过渡的分析 [J]．露天采矿技术，2006 (01)：12－13.

[13] 赵德新，陈世乾．大唐胜利东二号露天煤矿首采区工作帮推进方案 [J]．露天采矿技术，2014 (10)：17－19.

[14] Steve Fiscor. Black Thunder Reaches New Highs [J]. Mining in World History, 2003.

[15] Friedrich Hunten, Thomas Mann et al. 25 Year of Further Developments in Plant Engineering at the Hambach Mine [J]. Lignite Mining, 2004 (3).

[16] Hans Joachim Bertrams. Neighbourhood Protection as Illustrated by the Hambach Opencast Mine [J]. Word of Mining, 2008 (6).

[17] 谢杜雀．创建世界一流企业的思考与实践 [J]．石油化工管理干部学院学报，2002 (6)：27－28.

[18] 骆中洲．露天采矿学：上册 [M]．徐州：中国矿业学院出版社，1986.

[19] 杨荣新．露天采矿学：下册 [M]．徐州：中国矿业大学出版社，1990.

[20] 中国煤炭建设协会．煤炭工业露天矿设计规范 [S]．北京：煤炭工业出版社，2005.

[21] 中华人民共和国国土资源部．煤、泥炭地质勘查规范 [S]．北京：地质出版社，2003.

[22] 中国煤炭工业协会．中国煤炭分类标准 [S]．北京：煤炭工业出版社，2009.

[23] 张幼蒂，王玉浚．采矿系统工程 [M]．徐州：中国矿业大学出版社，2000.

[24] 马力，李克民，丁小华，等．黑岱沟露天矿抛掷爆破效果的模糊综合评价 [J]．金属矿山，2011 (9)：58－60.

[25] 张幼蒂，李克民．露天开采优化设计理论与应用 [M]．徐州：中国矿业大学出版社，2000.

[26] 彭祖赠，孙韫玉．模糊 (Fuzzy) 数学及其应用 [M]．武汉：武汉大学出版社，2002.

[27] 胡宝清．模糊理论基础 [M]．武汉：武汉大学出版社，2004.

[28] 张瑞新，王忠强，贺国友．中国七大露天煤田开发条件的综合评价［J］．化工矿山技术，1995，24（5）：45－49.
[29] 董守义．层次分析法在露天矿开采工艺选择中的应用研究［J］．金属矿山，2010（7）：34－36.
[30] 张华，汪云甲，李永峰．基于GIS的综采地质条件模糊综合评价模型研究［J］．采矿与安全工程学报，2009，26（2）：187－193.
[31] 许树柏．层次分析法原理［M］．天津：天津大学出版社，1988.
[32] 赵焕臣，许树柏，和金生．层次分析法［M］．北京：科学出版社，1986.
[33] 程卫民．煤矿安全评价中评价指标安全度值的确定［J］．煤炭学报，1997，22（3）：276－279.
[34] 李军才，张会林，李角群．GPS在露天矿山边坡变形监测中的应用［J］．有色金属，2003，55（5）：25－28.
[35] 苗胜军．深凹露天矿GPS边坡变形监测［J］．北京科技大学学报，2006，28（6）：515－518.
[36] 闫利，崔晨风，张毅．三维激光扫描技术应用于高精度断面线生成的研究［J］．遥感应用，2007（4）：54－56.
[37] 黄卫华，谢英亮．浅谈我国国有矿山企业人力资源管理［J］．矿产保护与利用，2004（1）：12－14.
[38] 蒋进光．关于矿山企业人力资源管理的思考［J］．湖南有色金属，2009，25（3）：69－71.
[39] 廖国礼．矿山企业人力资源管理初探［J］．采矿技术．2001，1（4）：4－5.
[40] 魏耀武．矿山企业资本性人才管理的创新研究［J］．矿山机械，2010，38（4）：9－11.
[41] 钱鸣高，许家林，缪协兴．煤矿绿色开采技术［J］．中国矿业大学学报，2003，32（4）：343－347.
[42] 吴和政，郑薇．我国矿山生态环境及生态恢复技术的现状［J］．中国地质灾害与防治学报，2007，18：35－37.
[43] 尹国勋．矿山环境保护［M］．徐州：中国矿业大学出版社，2010.
[44] 边树兴，李克民，王斌．我国矿山环境问题及治理措施［J］．矿业研究与开发，2004，24（2）：63－65.
[45] 单儒娇，宋子岭．浅析露天采矿引起的生态破坏及其防治［J］．采矿技术，2009，9（4）：85－86.
[46] 苏衍江，郭立新，董志明．宋集屯露天煤矿褐煤自燃及防治措施［J］．露天采矿技术，2005（4）：45－46.
[47] 杨玉新．深凹露天矿粉尘污染及扩散规律分析［J］．矿业工程，2003，（5）：48－51.
[48] 祝启坤．露天矿公路运输路面防尘新设想［J］．工业安全与环保，2002，28（11）：8－9.
[49] 毕上刚．露天矿粉尘污染治理［J］．中国钼业，2000，24（5）：33－35.
[50] 郑业群．我国露天矿污水处理与工程探讨［J］．学问科学探索，2007，24（22）：145－146.
[51] Erickson D L. Policies for the planning and reclamation of coal－mined landscapes：an international comparison［J］. Journal of Environmental Planning and Management，1995，38（4）：453－468.
[52] 杨之珍．矿山露天开采的生态复垦概述［J］．能源与环境，2009（3）：85－87.
[53] 胡振琪．土地复垦与生态重建［M］．徐州：中国矿业大学出版社，2008.
[54] 卞正富．我国煤矿区土地复垦与生态重建研究［J］．资源产业，2005，7（2）：18－24.
[55] 李志强，张立新．安家岭煤矿可持续发展问题的研究［J］．露天采矿技术，2007（1）：4－6.
[56] 刘勇，车兆学，李志强，等．露天煤矿端帮残煤开采及边坡暴露时间分析［J］．中国矿业大学学报，2006，35（6）：727－731.
[57] 张瑞新．露天采矿优化理论与实践［M］．煤炭工业出版社，2005.
[58] 康海江，许晨，李涛．黑岱沟露天煤矿抛掷爆破效果综合评价［J］．露天采矿技术，2012(04)：80－82.

图书在版编目（CIP）数据

现代露天煤矿评价方法/李克民，张维世，马力编著．--北京：煤炭工业出版社，2016

ISBN 978-7-5020-5467-0

Ⅰ.①现… Ⅱ.①李… ②张… ③马… Ⅲ.①露天开采—煤矿开采—综合评价—评价指标 Ⅳ.①TD824

中国版本图书馆 CIP 数据核字（2016）第 190685 号

现代露天煤矿评价方法

编　　著　李克民　张维世　马　力
责任编辑　彭　竹
编　　辑　郝　岩
责任校对　高红勤
封面设计　王　滨

出版发行　煤炭工业出版社（北京市朝阳区芍药居 35 号　100029）
电　　话　010-84657898（总编室）
　　　　　010-64018321（发行部）　010-84657880（读者服务部）
电子信箱　cciph612@126.com
网　　址　www.cciph.com.cn
印　　刷　北京市郑庄宏伟印刷厂
经　　销　全国新华书店

开　　本　787mm×1092mm 1/16　印张 7 1/2　字数 172 千字
版　　次　2016 年 8 月第 1 版　2016 年 8 月第 1 次印刷
社内编号　8330　定价 26.00 元